新型农民职业技能培训教材

果树园艺工

培训教程

宋志伟 主编

（北方本）

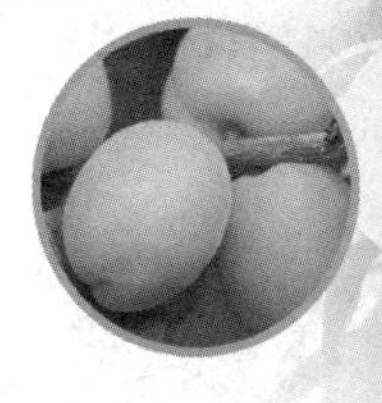

中国农业科学技术出版社

图书在版编目（CIP）数据

果树园艺工培训教程（北方本）/宋志伟主编．—北京：中国农业科学技术出版社，2012.5

ISBN 978-7-5116-0892-5

Ⅰ.①果…　Ⅱ.①宋…　Ⅲ.①果树园艺-技术培训-教材　Ⅳ.①S66

中国版本图书馆 CIP 数据核字（2012）第 085444 号

责任编辑　张孝安　白姗姗
责任校对　贾晓红　郭苗苗

出 版 者　中国农业科学技术出版社
北京市中关村南大街 12 号　邮编：100081
电　　话　(010)82106638(编辑室)　(010)82109704(发行部)
(010)82109709(读者服务部)
传　　真　(010)82109708
网　　址　http://www.castp.cn
经 销 者　各地新华书店
印 刷 者　北京富泰印刷有限责任公司
开　　本　850mm×1 168mm　1/32
印　　张　6.25
字　　数　160 千字
版　　次　2012 年 5 月第 1 版　2012 年 5 月第 1 次印刷
定　　价　18.50 元

版权所有·翻印必究

《果树园艺工培训教程》

编委会

主　编　宋志伟

副主编　特拉津·那斯尔　靳广来　曾运红

编　者　米叶赛尔·托乎提　张新俊

前　言

中共中央国务院［2007］1号文件明确指出，加强“三农”工作，积极发展现代农业，扎实推进社会主义新农村建设，是全面落实科学发展观、构建社会主义和谐社会的必然要求，是加快社会主义现代化建设的重大任务。我国农业人口众多，发展现代农业、建设社会主义新农村，是一项伟大而艰巨的综合工程，不仅需要深化农村综合改革、加快建立投入保障机制、加强农业基础建设、加大科技支撑力度、健全现代农业产业体系和农村市场体系，而且必须注重培养新型农民，造就建设现代农业的人才队伍。胡锦涛总书记在党的十七大报告中进一步指出，要培育有文化、懂技术、会经营的新型农民，发挥亿万农民建设新农村的主体作用。新型农民是一支数以亿计的现代农业劳动大军，这支队伍的建立和壮大，只靠学校培养是远远不够的，主要应通过对广大青壮年农民进行现代农业技术与技能的培训来实现。

根据农业部等六部办公厅《关于做好农村劳动力转移培训阳光工程实施工作的通知》精神，为进一步做好新型农民教育培训工作，我们依据人力资源与社会保障部以及农业部制定的《果树园艺工国家职业标准》，受中国农业科学技术出版社委托，我们组织相关院校、农业局等科技人员编写了《果树园艺工培训教程（北方本）》一书，作为北方各省果树园艺工的培训教材。

果树园艺工是从事果树繁殖育苗、果园设计和建设、土壤改良、栽培管理、果品收获及采后处理等生产活动的人员。因此，在编写时，突出以职业能力为核心，贯穿“以职业标准为依据，以企业需求为导向，以职业能力为核心”的理念，依据国家职业标准，结合生产实际，反映岗位需求，突出新知识、新技术、新工艺、新方法，注重职业能力培养。

本书主要介绍了果树园艺工职业道德与岗位要求、果树生产基础知识、果树苗木繁育与果树建园、果园土肥水管理、果树树体管理、果树常见病虫害防治、果实采收与果品贮藏、果树丰产优质栽培新技术、北方常见果树生产技术、北方主要特色果树生产技术和北方主要设施果树生产技术等内容。鉴于我国地域广阔，生产条件差异大，果树种类繁多，因此，在编写过程中主要选择全国种植面积较大的果树以及应用较多的新技术、新品种、新成果。各地在使用本教材时，应结合本地区生产实际进行适当选择和补充。

本书在编写过程中参考引用了许多文献资料，在此谨向其作者深表谢意。由于我们水平有限，书中难免存在疏漏和错误之处，敬请专家、同行和广大读者批评指正。

宋志伟

2011 年 12 月

目　录

第一章　果树园艺工职业道德与岗位要求

一、职业道德基本知识

（一）道德与职业道德

1. 道德

道德是一定社会、一定阶级调节人与人之间、个人与社会之间、个人与自然之间各种关系的行为规范的总和。它渗透于生活的各个方面，既是人们应当遵守的行为准则，又是对人们思想和行为进行评价的标准。

2. 职业道德

职业道德就是同人们的职业活动紧密联系的，符合职业特点所要求的道德准则、道德情操与道德品质的总和，是人们在从事职业活动的过程中形成的一种内在的、非强制性的约束机制。职业道德是社会道德在职业活动中的具体体现，是从业人员在职业活动中的行为标准和要求，而且是本行业对社会所承担的道德责任和义务。

（二）职业道德特点与作用

1. 职业道德的特点

职业道德与一般的道德有着密切的联系，同时，也有自己的特征。一是行业性，即要鲜明地表达职业义务、职业责任以及职业行为上的道德准则。二是连续性，具有不断发展和世代延续的特征和一定的历史继承性。三是实用性及规范性，即根据职业活动的具体要求，对人们在职业活动中的行为用条例、章程、守则、制度、公约等形式作出规定。四是社会性和时代性，职业道德是一定的社会或阶级的道德原则和规范，不能离开阶级道德或社会道德而独立存在。随着时代的变化，职业道德也在发展，在一定程度上体现着当时社会道德的普遍要求，具有时代性。

2. 职业道德的作用

职业道德具有重要的社会作用。它能调节职业交往中从业人员内部以及从业人员与服务对象间的关系；从业人员良好的职业道德有助于维护和提高本行业的信誉；员工的责任心、良好的知识和能力素质及优质的服务是促进本行业发展的主要活力，并且对整个社会道德水平的提高发挥重要作用。

（三）社会主义职业道德

社会主义职业道德是一种新型的职业道德，是社会主义道德的有机组成部分，伴随着社会主义事业的实践而产生、形成和发展，是社会主义职业活动不断完善和经验的总结。社会主义职业道德是在社会主义道德指导下形成与发展的。人们不论从事哪种职业，都不仅是为个人谋生，还贯穿着为社会、为人民、为集体服务这一根本要求。社会主义职业道德基本规范包含5个方面的内容，即爱岗敬业、诚实守信、办事公道、服务群众、奉献社会。

1. 爱岗敬业

爱岗敬业是为人民服务和集体主义精神的具体体现，是社会主义职业道德一切基本规范的基础。爱岗就是热爱自己的工作岗位，热爱本职工作。爱岗是对人们工作态度的一种普遍要求。敬业就是用一种严肃的态度对待自己的工作，勤勤恳恳、兢兢业业、忠于职守、尽职尽责。爱岗是敬业的基础，敬业是爱岗的具体表现，爱岗敬业是为人民服务精神的具体体现。

2. 诚实守信

诚实，就是忠诚老实，不讲假话。诚实的人能忠实于事物的本来面目，不歪曲、不篡改事实，同时，也不隐瞒自己的真实思想，光明磊落，言语真切，处事实在。诚实的人反对投机取巧，趋炎附势，弄虚作假，口是心非。守信，就是信守诺言，说话算数，讲信誉，重信用，履行自己应承担的义务。诚实和守信两者意思是相通的，诚实是守信的基础，守信是诚实的具体表现。诚实守信是为人处世的一种美德，也是一种社会公德，是任何一个有自尊心的人进行自我约束的基本要求。

3. 办事公道

办事公道是指从业人员在处理问题时，要站在公正的立场上，按照同一标准和同一原则办事的职业道德规范。不可因为是亲朋好友就给予特别照顾，更不能利用职权挟嫌刁难。办事公道要以一定的个人道德修养为基础。

4. 服务群众

服务群众是为人民服务精神的集中表现。服务群众体现了职业与人民群众的关系，说明工作的主要服务对象是人民群众。服务群众的要求是依靠人民群众，时时刻刻为群众着想，急群众所急，忧群众所忧，乐群众所乐。

5. 奉献社会

奉献社会就是全心全意为社会作贡献，是为人民服务精神的最高体现。有这种精神境界的人把一切都奉献给国家、人民和社会。奉献就是不期望等价的回报和酬劳，而愿意为他人、为社会或为真理、为正义献出自己的力量，包括宝贵的生命。奉献社会的精神主要强调的是一种忘我的全身心投入精神。当一个人专注于某种事业时，他关注的是这一事业对于人类，对于社会的意义，而不是个人的回报。一个人不论从事什么工作，不论在什么岗位，都可以为社会作贡献。

二、果树园艺工职业守则

果树园艺工职业守则是从事果树繁殖育苗、果园设计和建设、土壤改良、栽培管理、果品收获及采后处理等生产活动的人员的职业品德、职业纪律、职业责任、职业义务、专业技术胜任能力以及与同行、社会关系等方面的要求，是每一个从事果树园艺工职业的人员必须遵守和履行的。

（一）敬业爱岗，忠于职守

1. 敬业爱岗

果树园艺工工作的环境与条件较差，但其工作关系着广大人民的农产品质量安全，关系着广大人民的健康水平。在面对农民群众农产品质量安全意识薄弱和广大人民群众对食品安全的要求较高的双重挑战的现状时，要认真对待自己的岗位，对自己的岗位职责负责到底，对自己岗位勤奋有加，无论在任何时候，都尊重自己的岗位。并牢固树立农产品质量安全的观念，不怕困难、不辞辛劳、千方百计以提高农产品质量安全为己任，以指导农民群众科学种田为职责。

果树园艺工是一份工作条件艰苦、工作环境较差、工作任务繁重的职业。因此，在工作中，要培养吃苦耐劳、踏实苦干的工作精神，努力争当会做人，会做事，爱学习，能吃苦，与企业共荣辱，与农民同吃苦的好职工。

2. 忠于职守

忠于职守，体现在果树园艺工工作的方方面面。第一，是要忠于自己的本职工作，对自己的工作负责，对自己的岗位职责负责。第二，在工作中应当尊重同事、同行及有关部门和单位的人员，工作中默契配合，相互帮助，取长补短；困难中互相鼓励，齐心协力，排忧解难，共渡难关，主动协调好各方关系，共同完成工作任务。第三，平时工作中要主动与领导、专家、同事、有经验的农民等相互交流和切磋，实现双赢，提高业务水平。第四，要正确看待和处理有关名利的问题，不得诋毁同事，不得损害同事及协作单位和人员的利益。

（二）认真负责，实事求是

1. 认真负责

没有做不好的工作，只有对工作不负责的人。认真地工作，用心地工作，无论在哪一个岗位，都要始终保持一种责任意识。以指导农民、服务农民、增加产量、改善品质、保证安全为工作核心，时刻为广大人民群众着想，一切以农民利益为重。工作中要尊重科学，严谨认真，耐心指导，亲历亲行，尊重群众，一视同仁。鉴于我国经济发展的不平衡，农业科学技术推广程度差异较大，因此，对经济、文化欠发达的地区，应当给予更多的耐心和关注。

2. 实事求是

果树园艺工从事的工作与农民直接打交道，使用的农药、肥料等农资的正确与否对人身安全、农产品质量、生态环境等有很大影响，严重的会危及生命、破坏生态环境，因此，要求从事果树园艺工职业的人员，必须以社会主义职业道德准则规范自己的行为，应当坚持实事求是的作风，严格按照规程操作，主要用药用肥正确，剂量准确，操作规范，使用安全，对群众做到信守诺言，履行应承担的责任、义务。

（三）勤奋好学，精益求精

1. 勤奋好学

应勤奋好学，刻苦钻研，不断进取，努力提高有关专业知识和技术水平。首先，要系统学习土壤肥料、农业气象、果树栽培、果树病虫草害防治、果树采后处理、农业机械、农业技术推广等专业知识，提高专业知识水平；其次，在实际工作中，要勤思、善想、多问，及时总结和积累经验，吸取别人的经验和教训，举一反三，用以指导自己的工作，减少或避免工作中的失误。

2. 精益求精

从事果树园艺工职业，要有："认真第一"的工作态度，

“责任第一”的行为规则，“要事第一”的工作方法，“速度第一”的时间管理，“创新第一”的思维模式，“学习第一”的进步意识。工作中要尽职尽责，充分应用所掌握的知识和技术为农民群众和单位或企业作出自己的贡献；全心全意用自己的智慧与技能，精益求精地完成每一项工作；要通过专业化、人性化、标准化的工作，自我提升，尽善尽美。

（四）热情服务，遵纪守法

1. 热情服务

要深入到农业生产第一线，开展科技惠民，指导农户发展生产工作。要时刻牢记全心全意为人民服务的宗旨，在平凡的工作中，用周到的服务，热情的态度，亲切的话语，不厌其烦的解释，和新型农民们同吃、同住、同劳动，随时接受农民朋友的咨询和开展技术指导，解决生产所出现的生产技术难题。

2. 遵纪守法

果树园艺工的工作内容经常涉及《中华人民共和国农业法》《中华人民共和国农业技术推广法》《中华人民共和国劳动法》《中华人民共和国合同法》《中华人民共和国种子法》《中华人民共和国农产品质量安全法》《农药管理条例》《植物新品种保护条例》，国家和行业果树产地环境、产品质量标准，以及生产技术规程等的相关知识。因此，在工作中必须严格遵守国家政府部门的相关法律、法规和制度，并结合工作进行广泛宣传。

（五）规范操作，注意安全

1. 规范操作

果树生产中常常使用农药、化肥等重要的农业生产资料，而其中有些农资也是一种有毒易燃的物品。使用要求的技术性强，使用得好，可以保护农业生产安全；使用不当，则会造成药害、农药残留量超标、环境污染、人、畜中毒等情况的发生。另外果树生产过程中还经常使用修剪工具、植保机械等，因此，要严格遵守使用规范，规范操作，正确使用机械。

2. 注意安全

农药、化肥等的安全使用关系到人身安全和食品安全，因此，在工作中要自觉抵制国家明令禁止农药、化肥等，选择高效安全、低毒、低残留农资，科学安全使用，采用正确的使用方法，掌握合理的用量和次数，严格遵守安全间隔期规定，穿戴防护用品，注意使用时的安全，掌握中毒急救知识等。

三、果树园艺工岗位要求

（一）果树园艺工基础知识要求

果树园艺工基础知识要求如表1-1所示。

表1-1　果树园艺工基础知识要求

基础知识	基本知识要求
专业知识	土壤和肥料基础知识，农业气象常识，果树栽培知识，果树病虫草害防治基础知识，果树采后处理基础知识，农业机械常识，农药基础知识，果实田间试验基础知识，农业技术推广知识
安全知识	安全使用农药知识，安全用电知识，安全使用农机具知识，安全使用肥料知识
相关法律、法规知识	农业法，农业技术推广法，种子法，植物新品种保护条例，产品质量法，经济合同法等相关的法律法规，国家和行业果树产地环境、产品质量标准，以及生产技术规程

（二）果树园艺工基本技能要求

1. 初级果树园艺工（表1-2）

表1-2　初级果树园艺工基本技能要求

职业功能	工作内容	技能要求	相关知识
果树分类和识别	果树和果实的识别	识别常见果实20种；识别本地区常见果树15种	常见果实外观特征；常见果树的特征

（续表）

职业功能	工作内容	技能要求	相关知识
育苗	种子采集与处理	采集、调制和贮藏种子；能进行种子的沙藏处理	种子采集、调制和贮藏知识；种子休眠知识；层积处理知识
	播种	进行整地和做畦；识别主要果树砧木种子；按指定的密度、深度和方法播种	种子识别知识；整地做畦知识；播种方式和方法
	实生苗管理	进行浇水、追肥和中耕除草；能进行间苗和移栽	出苗期管理知识；浇水、施肥知识；幼苗移栽知识
	扦插育苗	整地、做畦和覆膜；进行插条处理；进行扦插	促进扦插生根知识；扦插方法；扦插苗管理知识
	压条育苗	能进行水平压条育苗；能直立压条育苗	水平压条和直立压条育苗知识
	嫁接育苗	能采集接穗和保存接穗；进行T形芽接和嵌芽接，嫁接速度达到60个芽/小时，或枝接20个接穗/小时，操作过程符合技术规范；能检查成活、解绑和剪砧	采集和保存接穗知识；果树芽接知识
	起苗、苗木分级、包装和假植	能进行起苗；能进行苗木消毒处理；能包装和假植果树苗木	苗木出圃知识；安全使用农药知识；苗木贮藏方法
果树栽植	果树栽植前准备	能挖定植穴（沟）；能进行改土、施肥、回填和洇池等栽植前准备工作	土壤结构知识；挖定植穴（沟）方法；回填土施肥技术
	果树栽植	栽植果树横竖成行；进行分苗、扶苗、埋土各个环节操作	果树根系生长知识；苗木根茎、芽序知识；果树栽植技术
	果树栽植后管理	能进行定干、刻芽、抹芽、定梢操作；能进行果树栽植后灌水、松土、覆膜等环节的操作	果树生长习性知识；果树保水增温知识
果园管理	土肥水管理	能给果树进行土壤施肥和灌溉；能进行叶面喷肥；能正确识别常见的化肥种类；能正确使用和保养果园常用的农机具	土壤和肥料知识；果树根系分布特点；施肥和灌溉方法；果园土壤管理知识；常用农机具使用和保养常识

（续表）

职业功能	工作内容	技能要求	相关知识
果园管理	花果管理	能进行疏花疏果；果实套袋和去袋	疏花疏果知识；果树套袋知识；果实成熟度确定和采收方法
	果树修剪	能进行抹芽、疏梢、摘心、剪梢、疏枝、环剥、环割、扭梢、拉枝、拿枝、撑枝、绑梢、绑蔓、短截、疏枝、回缩和缓放等修剪方法的单项操作；能正确使用、保养和维修常用的修剪工具	主要修剪方法及作用；修剪工具的使用和保养常识
	休眠期管理	能进行休眠期果园的清理；能进行刮树皮和涂白等工作；能进行果树的越冬保护	休眠期病虫草害综合防治知识；果树防寒知识；果树越冬肥水管理知识
	设施果树管理	能根据天气状况调节设施的温度、湿度和光照	设施环境特点；设施环境调控知识
	病虫草害防治	能安全使用农药和喷药设备；能安全保管农药和保养喷药设备；能识别当地主要果树病害和害虫各5种	果树常见病虫、杂草识别方法；安全使用农药知识；药剂保管及农药器械保养知识
采后处理	果实采收	能根据果实用途确定果实成熟期；能进行5种果实的采摘操作	果实成熟标准；果实采摘知识
	果实分级	能根据分级标准进行果实分级	果实分级标准
	果实打蜡和包装	能使用果品清洗和打蜡机械；能进行果实包装和装运	果品清洗和打蜡机械使用知识；果实包装和装运知识

2. 中级果树园艺工（表1-3）

表1-3　中级果树园艺工基本技能要求

职业功能	工作内容	技能要求	相关知识
果树分类和识别	果树植物学特征和生物学特征	能够根据果树的植株特征识别3种果树各3个品种	果树品种的植株特征
	果实外观和内在品质	能够识别3种果树各3个品种的果实	果树品种的果实特征
育苗	种子处理	能合理采集种子处理；能进行种子生活力鉴定；能正确进行层积处理	砧木种子分级标准；种子休眠机制及调控方法；种子生活力鉴定方法
	播种	能计算播种量；能合理确定播种期	播种量的计算方法；播种期确定方法
	实生苗管理	能够正确进行间苗和移栽	幼苗间苗、移栽知识
	扦插育苗	能制做或安装荫棚沙床和全光照弥雾沙床	荫棚和沙床建造知识
	压条育苗	能进行曲枝压条育苗；能进行空中压条育苗	曲枝压条育苗、空中压条育苗知识
	分株育苗	能进行根蘖分株育苗；能进行匍匐茎和根状茎分株育苗；能够进行吸芽分株育苗	分株苗繁殖原理；分株方法；分株苗管理技术
	嫁接育苗	能够熟练地进行果树的芽接，芽接速度达到80芽/小时以上；能够进行果树的枝接操作，枝接速度达到25个接穗/小时	果树嫁接成活机制及促进成活的方法；嫁接方法；嫁接后管理知识
	起苗、苗木分级、包装和假植	能进行苗木质量检验；能确定消毒处理所使用农药的种类	苗木质量分级标准；苗木消毒相关知识

（续表）

职业功能	工作内容	技能要求	相关知识
果园设计与建设	果园设计	能够根据不同环境条件选择种植品种；能够设计主栽品种与授粉搭配、栽植株行距与栽植方式、果园道路与灌水及排水	果树品种常识；果园设计知识
	果园建设	能够根据当地气候，确定栽植时期；能够进行苗木栽植前处理；能够进行果树栽植后病虫防治	当地气候常识；果树栽植知识，果树植保知识
果园管理	土肥水管理	能根据果树生长情况合理确定施肥时期、肥料种类、施肥方法及施肥量；能够根据果树种类选择肥料种类；能合理进行果园土壤管理与改良	果树根系分布特点及生长规律；果树肥水需求特性；常用肥料特性及施用技术；灌水方法、节水栽培技术；果园土壤管理知识；各种类型土壤特性、土壤改良技术
	花果管理	能实施果园防霜技术措施；能正确进行花粉采集、调制和保存；能进行人工授粉；能进行摘叶、转果、铺反光膜	预防晚霜的知识；坐果的机理及提高坐果率的技术；果实品质知识；提高果实品质的技术
	生长调节剂使用技术	能正确判断树体生长势；能针对果树生长势正确选择和使用生长调节剂；能正确配制生长调节剂溶液	果树生长势判断知识；生长调节剂相关知识；生长调节配制方法
	果树整形修剪	能够进行果树休眠期整形修剪；能较合理地进行果树生长期修剪	果树枝芽类型、特性及应用；果树生长结果平衡调控技术
	果实采收	能够判断果实的成熟度和适宜的采收期；能够操作果品分级机械	果实成熟度知识；果品分级机械使用知识
	病虫防治	能识别当地主栽果树的常见病害和害虫各 10 种；能针对果园的病虫草害，确定农药的种类，并能正确使用	果树常见病虫识别和防治知识；常用农药功效与使用知识
	设施果树管理	能确定设施果树的扣棚和升温时间；能确定有害气体的种类、出现的时间和防治方法；能根据设施内的空间和果树生长结果习性，较合理地进行设施果树的修剪	果树休眠知识；果树生长发育与环境知识；土壤盐渍化知识；设施环境调控知识；设施栽培果树修剪知识

（续表）

职业功能	工作内容	技能要求	相关知识
采后处理	果实的质量检测	能根据果品外观质量标准判定产品质量；能准备清洗和打蜡设备；能正确使用简单的仪器测定果实的可溶性固形物含量、果实硬度	外观质量标准知识；清洗打蜡设备知识；糖度仪、硬度计使用常识
	果实的商品化处理	能够根据果实特性选定包装材料和设备；能够进行冷库的灭菌操作；能够操作冷库设备进行果实贮藏	包装材料和设备知识；冷库机械设备知识；冷库灭菌知识

第二章　果树生产基础知识

一、果树分类和品种识别

果树种类繁多，生产管理差异很大。为了便于掌握和了解不同果树的生长发育特性，根据叶片生长特性、生态适应性、形态特征的异同，对不同树种的果树进行归类区分，称为果树分类。

（一）果树分类

在生产和商业上，常常分为落叶果树和常绿果树，再结合果实的构造以及果树的栽培学特性进行分类。

1. 按叶片生长期特性分类

（1）落叶果树　叶片在秋季和冬季全部脱落，第2年春季重新长叶的一类果树，统称落叶果树。落叶果树的生长期和休眠期界限分明，如苹果、梨、桃、李、杏、柿、枣、核桃、葡萄、山楂、板栗、樱桃等，这些果树大多生长在我国北方地区，也称北方果树。

（2）常绿果树　叶片终年常绿，春季新叶长出后老叶逐渐脱落的一类果树称常绿果树。常绿果树在年周期活动中无明显的休眠期，如柑橘类、荔枝、龙眼、椰子、榴莲、菠萝、槟榔等，这些果树大多生长在我国南方，也称南方果树。

2. 按果树栽培学分类

（1）落叶果树　又可分为：一是仁果类果树，果实是假果，食用部分是肉质的花托发育而成的，果心中有多粒种子，如苹果、梨、山楂等。二是核果类果树，果实是真果，由子房发育而成，有明显的外、中、内3层果皮，外果皮薄，中果皮肉质发达是食用部分，内果皮木质化，成为坚硬的核，如桃、杏、李、樱桃等。三是坚果类果树，果实或种子外部具有坚硬的外壳，可食部分为种子的子叶或胚乳，如核桃、栗、银杏、榛子等。四是浆果类果树，果实多粒小而多浆，如葡萄、草莓、猕猴桃、树莓等。五是柿枣类果树，包括柿、枣等。

(2) 常绿果树　又可分为：一是柑果类果树，如橘、柑、柚子、橙、柠檬等。二是浆果类果树，果实多汁液，如杨桃、番石榴、番木瓜等。三是荔枝类果树，包括荔枝、龙眼等。四是核果类果树，包括橄榄、油橄榄、杨梅等。五是坚果类果树，包括腰果、椰子、香榧、榴莲等。六是荚果类果树，包括酸豆、角豆树等。七是聚复果类果树，果实为多聚合或心皮合成的复果，如树菠萝、面包果、番荔枝、刺番荔枝等。八是草本类果树，包括香蕉、菠萝等。九是藤本（蔓生）类果树，包括西番莲、南胡颓子等。

（二）果树栽培种和栽培品种

1. 果树栽培种

果树栽培种是指具有经济价值，遗传性状稳定，在生产上广泛应用的果树种。它是植物分类学种的一种，只是已经被人们驯化，用于生产、有经济价值的果实，例如，桃、杏、苹果、梨、枣、柿、香蕉、无花果等。

2. 果树栽培品种

果树栽培品种是指为了满足人们生活需要而培育出来的果树群体。它具有一定的经济价值，生物学特性相对一致，遗传性状也比较稳定。果树栽培品种可以分为无性系品种和有性系品种。无性系品种是通过嫁接、压条、扦插等无性繁殖方式产生的新植株，新老植株间的基因型和表现型一致；有性系品种是指通过种子繁殖产生的新植株，子代之间、子代与母本之间的基因型和表现型不完全一样，只是相对的一致。

人们在果树栽培生产过程中，通过选择自然形成的优良表现型而培育出来的品种，称为地方品种或农家品种；通过各类生物方法，选育出具有优良性状的品种，称为育成品种。育成品种有通过芽变培育的芽变品种，通过杂交培育的杂交品种，还有通过分子生物学手段培育的转基因品种。一种果树往往有许多栽培品种，如苹果，有富士、红星、金冠等。

（三）北方果树主要栽培品种

1. 苹果

（1）祝光（祝、白糖、美夏）　树势较强，树姿半开张。枝条密、细、硬，树冠易郁闭。以短果枝结果为主，果台枝连续结果的能力较差。栽种后4~5年开始结果，结果枝寿命短。采前落果较多，产量一般或较丰产。果实为长圆形或近圆形。单果重140克左右，果面底色黄绿，有暗红色条纹。果肉呈黄白色，肉质松脆，果汁多，风味甘甜，品质上乘。果实每年8月上中旬成熟。

（2）金冠（金帅、黄元帅、黄香蕉、黄金、青苹等）　树体强健，树姿开张，生长旺盛，萌芽力、成枝力均较强。栽后3~5年开始结果，生理落果轻，且易早期丰产。果台枝连续结果能力强，但回缩更新能力差，弱树更差，因此，对果台枝要及时更新。果实呈圆锥形，顶部有5个隆起，果实整齐，单果重180~200克。果梗细长，果面底色黄绿，成熟后变为金黄色，阳面稍有淡红色晕。果肉呈淡黄色，肉质密、脆，果肉多汁，酸甜适度，香味浓，品质上等。每年9月中下旬采收。

（3）元帅系（元帅、红星、新红星、红冠）　树体强健，生长旺，树姿半开张。幼树枝条角度小，对修剪反应敏感，剪口下两枝往往并生或扭生。萌芽力较强，成枝力会随树龄的增长而减弱。栽种后5~8年开始结果。果实呈圆锥形，单果重200~250克，萼部有明显的5个隆起。果面着色早而颜色浓。果面色泽：元帅为绿黄色，有红霞色细条纹；红星为条红；红冠为片红。果肉呈黄白色，松脆多汁，风味甜香，稍经贮藏后会有浓香味，品质极佳。每年9月中下旬采收。

（4）富士　富士苹果是用国光和元帅杂交育成的品种。原产于日本，1966年引入我国，富士苹果的树势强，树冠大，树姿开张。幼树生长旺盛，它的枝、叶果均似国光。前6～7年新枝生长量较大，一般在60～80厘米，盛果期后新梢生长在30厘米左右，多数无秋梢。萌芽力高，成枝力强，潜伏芽具有早熟性，很少有国光那种光秃的现象。栽后4～5年开始结果，坐果率高，丰产，采前落果极少。果实接近圆形，单果重160～200克，果实底色黄绿，阳面呈暗红色条纹。在辽宁南部每年10月中、下旬成熟。果实极耐贮藏，普通窖贮藏至翌年4～5月份风味仍佳，肉质清脆。

2. 梨

通常作为果树栽培的主要有秋子梨、白梨、砂梨、西洋梨4个品种。我国主要优良品种梨主要如表2－1所示。

表2－1　各地主要优良品种梨

品种	主要产地	果实大小	形状	果面颜色	果肉风味	品质	成熟期（旬/月）	贮藏能力	丰产性	其他
秋子梨	辽西、河北东北部	中大	圆球形或倒卵圆形	淡黄色、梗洼处有锈斑	细脆汁多，味甜微酸，石细胞多	上	中、下/9	可贮藏至翌年5月	丰产	抗旱力较强，采收前易落果
鸭梨	华北平原	中大至大	尖倒卵圆形	绿黄色，阳面有时为红黄色，近梗部有锈斑	细而脆嫩，汁极多，甜酸可口，稍有香气	最上	上、中/9	可贮藏至翌年3～4月	丰产	抗病虫害能力弱，抗寒性较慈梨强
库尔勒香梨	新疆库尔勒地区	中大	卵圆形或纺锤形	绿黄色，阳面有片状或带状红晕	质地细脆，汁多味甜，石细胞少，有香味	极上	上、中/9	可贮藏至翌年5～6月	丰产	适应性强、抗逆性强
雪花梨	河北赵县、宁晋等县	很大	广卵圆形或长圆形	黄绿色，贮藏后呈黄，果点大而多	脆嫩汁多，味甘甜，香气较浓	上	中、下/9	可贮藏至翌年3～4月	丰产	适应性强，抗黑心病外观不美观
慈梨	山东莱阳、栖霞等县	大但不匀	多倒卵圆形	绿黄色、果点锈褐色，大而密	细脆、极嫩、汁多浓甜，有香气	最上	下、9～上/10	可贮藏至翌年2月	丰产	易染黑心病，易受食心虫危害，抗药力低

（续表）

品种	主要产地	果实大小	形状	果面颜色	果肉风味	品质	成熟期（旬/月）	贮藏能力	丰产性	其他
京白梨	北京，河北昌黎	小	短倒卵圆形	黄白色	细软多汁，味酸甜甚浓	上	中、下/8	可贮藏1个月	丰产	抗寒强
苹果梨	吉林省延边	大	多数为扁圆形	黄绿色，阳面有鲜红晕	细脆汁极多，味酸甜适度	上	上/10	可贮藏1年	丰产	抗寒力强，抗风力弱，抗药力差
砀山梨	安徽、江苏、新疆等地	大	不正，广卵圆形	黄色微绿，稍贮藏后呈黄色	酥脆而稍粗，汁极多味甜	上	下/8～上/9	可贮藏至翌年1～2月	丰产	适应性强，抗风力强，抗黑心病
20世纪	湖南邵阳、浙江杭州	中	扁圆形或近圆形	初采时为绿色，稍贮后变黄绿色	细嫩脆甜，汁极多，石细胞少	极上	下/7	不耐贮藏	丰产	抗寒力弱，抗黑心病和黑腐病弱

3. 桃

根据桃对气候的适应性、分布地区，同时，结合生物学特性和形态特征，可把桃分为北方品种、南方品种、黄肉品种、蟠桃品种、油桃品种5个品种群。

（1）五月鲜　树势健壮，树姿直立。中短果枝结果好，产量中等，花需异品种授粉。树体抗寒、耐旱，但花芽易受冻害，喜欢生长在肥沃的沙性土壤。果实大，呈长圆形或圆形，果顶有突尖。果面为浅黄绿色，缝合线深，成熟时果顶及缝合线两侧有红晕，色泽鲜艳。果皮厚，不易剥离。果肉呈白色，质脆、汁少，成熟后肉质松绵，品质中上等。离核，有裂核现象。耐贮运，7月上中旬成熟。

（2）大久保　树势中等偏弱，树姿开张，枝条散乱柔软易下垂。果树结实早而且丰产，坐果率高。盛果期后树势易衰弱，寿命较短，以中、长果枝结果为主。副梢结实力强。花芽的抗寒力强，花粉多，是优良的授粉品种。果树对肥水条件要求较高。

果实大，呈圆形，果顶稍凹，缝合线浅。果面为黄绿色，阳面有红晕，外形美观，耐贮运，味道香甜，品质优异，每年8月上旬成熟，适于鲜食或作为果品加工的原料。

（3）白凤　树势中等，树姿开张。花粉多，果树结实率高，结果早而且丰产稳产。幼树以中、长果枝结果为主，盛果期则以中、短果枝结果为主。果实大小中等，近圆形，底部稍大，果顶圆，中央稍凹。果面为黄白色，阳面有红霞，色彩艳丽。皮较薄，易剥离。肉质细腻，味道甜，品质上等。耐贮运。为鲜食与果品加工兼用品种。7月下旬成熟。

（4）黄露　树势强健，树姿开张，果树以中果枝结果为主，丰产。果实大，呈椭圆形，果皮艳黄。果肉为橙黄色，肉质细腻肥厚，风味酸甜，品质中、上等。极耐贮运。8月中旬成熟。适开鲜食或作为果品加工的原料。

（5）丰黄　树势强健，树姿开张，果树枝条粗壮，节间短，中、长果枝结果，极丰产。果实呈椭圆形，果皮为橙黄色，阳面有暗红色针点状红晕，黏核，品质上等。8月上旬成熟。适于鲜食或作为果品加工的原料。

4. 葡萄

主要的栽培品种按原产地的不同，大概可以分为3个种群（或系统），即东亚种群、欧亚种群和北美种群。

（1）玫瑰香　又名紫玫瑰香。欧亚品种，中晚熟的优良鲜食品种。树势中等，结实力强，果穗较大，每穗的平均重量为300~500克；副梢可结2~3次果。果粒中等，平均粒重约5克左右。果实充分成熟时（每年8月下旬至9月中旬）呈黑紫色，含糖量为16%左右。味道甜、有浓厚的玫瑰香味，品质极上。不抗寒、不抗病，对栽培技术反应敏感，需要较好的肥水条件和较高的管理技术。

（2）巨峰　欧美杂交品种，中熟的优良鲜食品种。巨峰的树势旺，结实力较强，副梢很容易开花结实。果穗大，呈圆锥形，坐果率低时松散，坐果率高时紧密。果粒极大，一般粒重为10~15克，最大时可达20克左右；果皮厚韧，呈黑紫色；果肉肥厚，具有肉囊，甜而多汁，含糖量为15%~18%，略有美洲葡萄的香味，品质中上。该品种抗病力强，也较抗寒，但不抗旱。对肥水条件要求较高。坐果率较低。

（3）红地球　又名晚红、大红球。欧亚种。果穗大，平均穗重800克，果粒着生中等紧密或较紧，平均粒重12~14克，最大果粒重22克，暗紫红色，肉质脆，味道甜。植株生长势强。10月上旬成熟，为晚熟品种。抗病力中等或较差，应注意及时防病，并多施磷肥、钾肥，促进新梢成熟。红地球不掉粒，不裂果，耐贮运。宜棚架栽培，短中梢修剪。果实穗粒大，形色美，品质佳，耐贮运，是优良的晚熟鲜食品种。适宜在温暖、生长期长的干旱、半干旱地区栽培。

（4）和田红　欧亚种。原产于新疆维吾尔自治区，为新疆和田地区的主要栽培品种。果穗大，平均重500克，最大穗重1 000克以上，双歧肩圆锥形。果粒着生极紧，平均粒重3.7~4.0克，圆形，呈紫红色，肉软汁多，味道酸甜，品质中上等。植株生长势强。9月上中旬成熟，为晚熟品种。和田红适应性强，耐瘠薄和盐碱土质，较抗寒，连年丰产稳产，耐贮运，除鲜食和晒制有核葡萄干外，还可用作酿酒。由它酿制的干白葡萄酒，颜色浅黄，澄清透明，香气完整，酒味醇厚，回味绵延，在新疆多次评酒会上都名列前茅。

（5）赤霞珠　欧亚种。国际酿酒行业的著名品种。果穗小，平均穗重165.2克，最大穗重250克，由它酿成的酒，酒色呈淡宝石红或深桃红色，澄清透明，具青梗香，滋味醇厚，回味好，品质上等。植株生长势中等或较弱。中晚熟品种。果树适应性强，抗病力较强。适宜篱架栽培，中、短梢修剪。赤霞珠是酿制高档干红葡萄酒的优良品种。适宜在我国华北、西北和东北南部栽培。

（6）梅鹿特　又称梅鹿辄。欧亚种。原产于法国。果穗中等大，平均穗重225克，圆锥形或圆柱形，有副穗。果粒着生中等紧密，平均单粒重3.3克。由梅鹿特酿成的酒，酒色呈深宝石红色，澄清透明，具有解百纳香型香气，醇厚爽口，回味好，酒质上等。植株生长势中等或较强。9月上旬成熟，为中晚熟品种。果树的抗病力较强。宜篱架栽培，中梢修剪。梅鹿特是酿制干红葡萄酒的良种。适宜在我国北方地区栽培和发展。

（7）弗雷无核　弗雷无核为欧亚种。果树树势中等，适于棚架栽植，长、中、短梢修剪，大田、大棚均可以成花结果。果实发育期为60～70天，属于早熟品种；圆锥形果穗，穗重500～1 000克；果粒圆形，平均单粒重4～5克，经GA* 处理后质量可达6～8克；果皮为鲜红色，果肉脆甜，品质极佳，是早熟大棚栽培的首选无核品种。

二、果树生长发育基础知识

（一）果树根系

1. 根系的构成

果树根系由主根、侧根和须根构成（图2－1）。

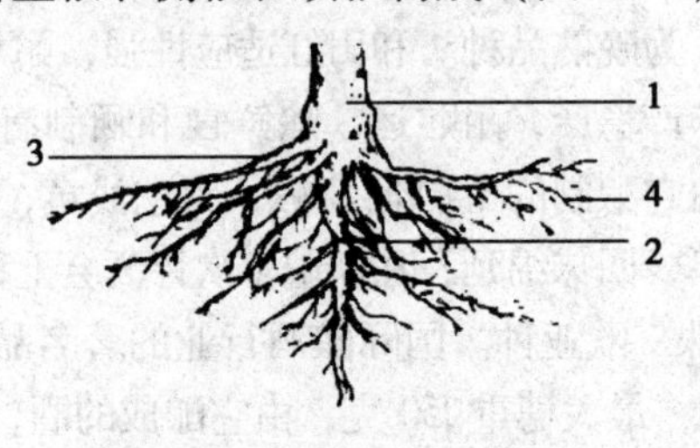

1. 根颈；2. 主根；3. 侧根（水平根）；4. 须根

图2－1　果树根系的结构

（1）主根　种子萌发时，胚根最先突破种皮，向下生长而

* GA，中文名称赤霉素，英文名称Gibberellin，广泛存在的一类植物激素。可刺激叶和芽的生长

形成的根称为主根，又称初生根。主根生长很快，一般垂直插入土壤，成为早期吸收水肥和固着的器官。

（2）侧根　当主根继续发育，到达一定长度后，从根内部维管柱周围的中柱鞘和内皮层细胞分化产生，与主根有一定角度，沿地表方向生长的分支称为侧根。侧根与主根共同承担固着、吸收及贮藏功能，统称骨干根。

（3）须根　侧根上形成的细小根称为须根，按其功能与结构不同又分为生长根（或称轴根）、吸收根、过渡根和输导根。

2. 根系的类型与分布

（1）根系的类型　果树的根系可分为：实生根系、茎源根系和根蘖根系。

用实生法繁殖和利用砧木嫁接的果树根系为实生根系。果树由于多采用嫁接栽培，如苹果、梨、桃、柑橘等栽培品种苗木，其砧木为实生苗，根系则为实生根系。

利用植物营养器官具有再生能力，采用枝条扦插或压条繁殖，使茎上产生不定根，发育成的根系称为茎源根系。果树中葡萄、无花果等扦插繁殖，其根是茎源根系。

一些果树如枣、山楂等的根系通过产生不定芽经过分株可以形成苗木，其根系称根蘖根系。根蘖根系较浅，生理年龄较老，生活力相对较弱，但个体比较一致。

（2）根系的分布　根系在土壤中的分布分为水平分布和垂直分布两类。一般沿土壤表面平行生长的根叫做水平根，分布于较浅的土层中。垂直根一般垂直于地面而生长，主要起固定作用。常见果树中，核桃、柿树根系最深，其次为苹果、梨、葡萄、枣、桃、杏、石榴。矮化砧木根系一般分布较浅。

3. 果树根系在生长周期内的生长动态

果树根系在一年当中生长动态的变化规律称为年生长动态，其一生当中的生长情况称为生命周期生长动态。

（1）根系年生长特性　受环境条件、遗传条件等的影响，果树根系的生长也呈现出一些周期性的特点，经历着发生、发展、衰老、更新与死亡的生命过程。

一般幼年果树的根系在年周期中会出现两次高峰期。第一次高峰期从春梢停止生长开始到秋梢开始生长前，是根系发生数量最多的时期。第二次高峰期是枝条停止生长至落叶前。

结果树的根系在年生长周期中有3个峰值，即萌芽前到开花时出现一个高峰期，其余的两次高峰与幼果树出现的时期一样。根系在春梢停止生长开始到秋梢开始生长前达到高峰期，是果树花芽分化的需要。枝条停止生长至落叶前的高峰期，是果树为抵御不良环境加强树体的贮存养分的需要。

（2）根系生命周期生长特性　果树在其生长的幼年阶段，其根系的生长也同地上部分一样以扩冠为主，尤其是在定植后的2～3年间以垂直根的生长为主，至结果盛期，根冠达到最大值。而后，由于器官间的相互作用及树上与地下关系的失调，导致树体骨干根自疏更新加剧。生命后期由于根冠分布的逐渐减小，从而加速了地上部分的衰亡，最终导致树体逐步死亡。

（二）果树的地上部分

果树的地上部分包括芽、枝条、叶片、花、果实等部分（图2－2）。

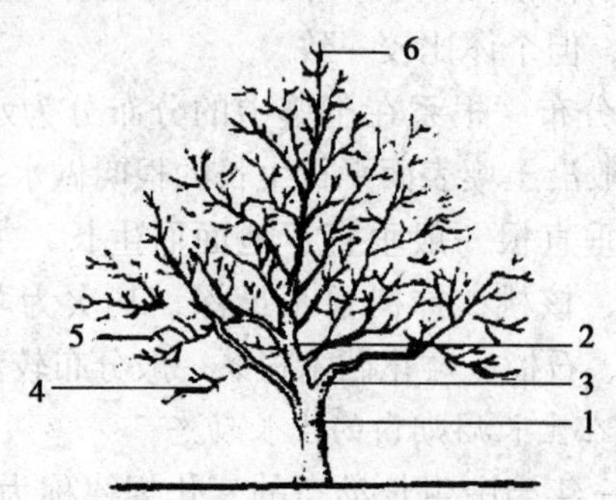

1. 主干；2. 中心干；3. 主枝；4. 副主枝；5. 侧枝；6. 延长枝

图2－2　果树地上部的主要组成

1. 芽

(1) 芽的类型 果树芽根据分类依据不同，可以分为若干类型（表2-2）。

表2-2 果树芽的分类

分类依据	芽的概念	举例与说明
1. 按位置分	(1) 顶芽：着生在枝或茎端的芽称顶芽 (2) 侧芽：着生在叶腋处的芽叫侧芽或腋芽 (3) 不定芽：不定芽的发生没有一定位置	桃、李、杏、苹果等果树的顶芽为定芽，常为叶芽，梨树的顶芽为定芽，有的是叶芽，有的是混合芽
2. 按性质分	(1) 叶芽：萌发后只抽生枝叶而不开花的芽	果树在幼树期，未进入结果期的芽全部为叶芽
	(2) 花芽：萌发后能抽生的花序的芽 ①纯花芽：萌发后只能开花的芽 ②混合花芽：芽萌发后，在同一个芽体上既能抽生花序，也能抽生枝、叶的芽	桃、李、杏等果树的花芽为纯花芽；柿、栗、葡萄、苹果和梨树等的芽为混合花芽
3. 按是否萌发分	(1) 活动芽：枝条上芽形成后，能够按时萌发的芽 (2) 潜伏芽（休眠芽、隐芽）：枝条上的叶芽形成后，因营养不足或其他原因，有些芽不能萌发的芽	枝条中下部和基部的芽，以及水平枝或斜生枝下面的芽，多为隐芽。潜伏芽受到刺激后，也可萌发抽生枝条，可用于老树的更新复壮。因果树种类、树龄和管理水平不同，潜伏芽的寿命长短也不一样
4. 按同一节的芽数分	(1) 单芽：在一个节位上，只着生1个芽 (2) 复芽：在一个节位上，同时着生2个以上芽	果树种类不同，复芽的数量也不一样，有双芽、三芽和四芽之分，大多数情况下，中间的芽为叶芽，其他为花芽。桃、李、杏树等的芽多为复芽

（续表）

分类依据	芽的概念	举例与说明
5. 按同一个芽内（复芽）芽的主次分	（1）主芽：着生于叶腋中间的充实为主芽 （2）副芽：着生于主芽两侧的为副芽	主芽可能是叶芽，也可能是花芽或混合芽。葡萄的副芽着生在主芽的侧方，核桃的副芽则着生于主芽的下方
6. 按是否有鳞片分	（1）鳞芽：某些果树所分化有鳞片包被的芽为鳞芽 （2）裸芽：无鳞片包被的芽为裸芽	
7. 按芽形成的季节分	（1）冬芽：冬季分化形成的芽为冬芽 （2）夏芽：夏季分化形成的芽为夏芽	葡萄枝条上在冬季修剪时的芽为冬芽。夏芽具有早熟性
8. 按芽的饱满程度分	（1）饱满芽：芽体肥大，充实饱满，发育健壮的叶芽 （2）瘪芽：芽小而瘦弱，发育不良的叶芽	在修剪时，常选用饱满芽作为骨干枝或延长枝的剪口芽

（2）芽的特性　芽的生物学特性，直接影响枝条的长势、位置、方向等，与整形修剪有密切关系。

①萌芽力和成枝力。一年生枝条上的芽萌发能力的大小称为萌芽力，萌芽力以一年生枝条上全部芽的萌发百分率来表示。一年生枝条上萌发的芽抽生枝条的能力称为成枝力。

②芽的异质性。芽在形成过程中，由于其内部营养状况和外界环境条件的影响，芽的质量有所不同，萌发能力和生长表现也不相同，这种特性称为芽的异质性。通常，春梢基部芽的质量差，而中上部的芽比较饱满。

③芽的早熟性和晚熟性。当年新梢上形成的芽，当年能再次萌发抽梢的这种特性称为芽的早熟性，如葡萄等果树。当年新梢上形成的芽，当年一般不萌发，到次春才萌发抽梢的这种特性称为芽的晚熟性，如苹果、梨等果树。

④芽的潜伏力。休眠芽又称潜伏芽，潜伏芽形成后次年虽未

萌发，但以后遇到适宜条件时仍能萌出，休眠芽潜伏时间的长短称为芽的潜伏力。

2. 枝条

（1）枝条的分类　果树的枝条依分类方法不同，如表2－3所示。

表2－3　果树枝条分类检索

1. 按年龄分	（1）新梢：上年分化的芽春季萌发未成熟的枝条
	①春梢：春季抽生梢的枝条
	②夏梢：夏季抽生梢的枝条
	③秋梢：秋季抽出梢的枝条
	④冬梢：冬季抽出梢的枝条
	⑤副梢：在新梢上直接抽生的枝条
	a. 果台副梢：在果台上直接抽生的枝条
	b. 一次副梢：在新梢上直接抽生的枝条
	c. 二次副梢：在一次副梢上直接抽生的枝条
	d. 三次副梢：在二次副梢上直接抽生的枝条
	（2）一年生枝：枝条从萌发到生长经历的时间为1年
	（3）二年生枝：枝条从萌发到生长经历的时间为2年
	（4）三年生枝：枝条从萌发到生长经历的时间为3年
	（5）多年生枝：枝条从萌发到生长经历的时间为3年以上
2. 按性质分	（1）营养枝：又称生长枝，是指仅着生叶芽、抽生新梢的枝条
	（2）结果枝：着生花芽、能开花结果的枝条
	（3）结果母枝：由混合芽萌发出来结果枝的枝条称为结果母枝

（续表）

3. 按长度分	（1）长（果）枝：仁果类长度在15厘米以上，而核果类30～60厘米的（果）枝 （2）中（果）枝：仁果类长度在5～15厘米，核果类长度在15～30厘米的（果）枝 （3）短（果）枝：仁果类长度在5厘米以下，核果类15厘米以下的（果）枝 （4）叶丛枝：长度在1厘米以下的短缩状枝
4. 按长势发	（1）徒长枝：直立生长旺盛、节间长、芽弱、组织不充实的枝条 （2）强旺枝：生长量过大、长势偏旺的枝条 （3）健壮枝：长势强健、芽体饱满、组织充实、成熟度好的枝条 （4）中庸枝：长势中等、芽体饱满、组织充实、成熟度好的枝条 （5）细弱枝：生长量小、长势弱、发育差的枝条
5. 按位置分	（1）骨干枝：由主干、主枝和侧枝组成 ①主干：是指从地面起到构成树冠的第一大分枝基部的一段树干 ②中干：也叫中央领导干则指主干延长部分，从主干上端第一层主枝以上，处于树冠中心，向树冠的各大分枝 ③主枝：是指着生于中心干上并构成树冠的各大分枝 ④侧枝：直接着生在主枝上的骨干枝 （2）辅养枝：修剪时，不留果实而仅对树体起辅养作用的枝条为辅养枝 （3）枝组：结果枝组简称枝组，是从中心干、侧分枝或主侧枝及辅养枝上长出的各个群枝组合，在群枝中包括不同枝龄的枝轴、营养枝和结果枝等 ①大型枝组：大部分枝叶分布空间范围在60厘米以上 ②中型枝组：大部分枝叶分布空间范围在60厘米以内 ③小型枝组：大部分枝叶分布空间范围在30厘米以内

（2）枝条的生长特性

①顶端优势。树冠上部枝条生长势强，向下依次减弱，或同一枝条顶部生长势强，向下依次减弱，称为顶端优势。由于顶端优势的存在，所以树冠总是向上直立生长。

②树冠层性。主枝在树干上呈层式分布的现象称为树冠层性。它是顶端优势和芽的异质共同作用的结果，中心干延长枝顶部的芽处于极性生长的位置，萌发强壮枝条，向下逐步减弱，基部芽常因不萌发而呈隐芽状态，这种历年重演连续生长的结果，使树干上枝梢成层式分布，产生树冠层性。树冠层性有利于树冠内通风透光，可增加结果体积和改善果实品质。

3. 叶片

（1）叶片的形态　叶片是树体养分的主要合成器官，其形状和大小常因树种、品种不同而不同，故叶片的形态特征常是区别树种、品种的重要依据之一。

果树叶片形态大致分为单叶、复叶和单身复叶3类。单叶即一个叶柄上只着生一个叶片，如核果类、仁果类等果树的叶。复叶是两个或多个叶片着生在一个总叶柄上，如核桃、草莓等果树的叶片。单身复叶为三出复叶的两个侧生小叶退化，而其总叶柄与顶生小叶连接有隔痕的叶片，其两个退化的小叶称为翼叶，柑橘类叶片属此类叶。

（2）叶片的特性

①不同部位叶片大小不同。树冠内部叶平展而大，叶片薄；树冠外部叶片肥厚，着生角度小。同一枝条上不同部位的叶的大小也不一致，长枝基部与顶部的叶小，中部的叶大，短枝则基部的叶小，顶部的叶大。

②叶片寿命因种类、品种及环境条件不同而异。一般落叶果树叶片的寿命较短，为7～8个月，春发秋落；常绿果树叶片的寿命较长，一般为2～4年，以1～2年生叶较多。常出现落叶交潜，多在春天春梢停止生长后，部分老叶才集中脱落。

③叶幕与产量密切相关。叶幕是指叶片在树冠中集中分布的范围，即常说的绿叶层。叶幕厚，则叶面积大，结果部位多，产量高；反之，叶幕薄为低产的表现。不同的整形方式可形成不同的叶幕，所以，应注意使树冠形成具有较大叶幕体积的树形，如层状形、半圆形等树形。

4. 花

（1）花的类型　果树的花具有单花和花序两种。

一朵单花根据其花器中雌、雄蕊是否完全，可分为两性花和单性花两类。两性花中的雌蕊和雄蕊俱全，而仅有雌蕊或雄蕊者为单性花。仁果类、核果类及葡萄等都是两性花；核桃、板栗等则为单性花。单性花中，雌花和雄花着生于同一植株的称雌雄同株，如核桃、板栗、柿等，这类植株宜成片栽植。雌花和雄花分别着生于不同植株的称雌雄异株，如银杏、猕猴桃等，此类果树周围需配置授粉树。

果树花序主要有向心花序和离心花序两大类。向心花序即花轴下部的花先开，渐及上部，或由边缘向中心开放。如核桃、板栗的柔荑花序，梨的伞房花序，无花果的隐头花序均属此类。离心花序即花轴最顶部或最中心花先开，渐及下部或周缘，如猕猴桃的聚伞花序等。

（2）花的特性

①依传授花序方式的不同可分为风媒花和虫媒花。依靠风力传授花粉的花称风媒花，如核桃、板栗、银杏等，其花被小，花丝长，花粉粒多而小。依靠昆虫为媒介传授花粉的花称虫媒花，如仁果类、核果类等，其花冠大而艳丽，有色彩、香气或蜜腺，花粉粒大而有黏性。

②依授粉受精方式的不同可分为自花授粉和异花授粉。自花授粉又称自花结实，是指同品种内不同株间的授粉，如板栗、桃、枣、柿、葡萄等，该类果树不需配置授粉品种，但在多品种混植情况下，可显著提高坐果率和产量。异花结实，是指不同品

种间的授粉，如仁果类，大多数李品种，部分桃、杏、猕猴桃等，此类果树需配置授粉品种，才能提高结实率。

5. 果实

(1) 果实的分类 果树的果实按其构造可分为以下几类。一是仁果类，子房下位，果实主要由花托发育而成，中果皮为肉质，内果皮为软骨状的薄膜，形成果心，具2~5个心室，如梨、苹果等。二是核果类，果实由子房发育而成，单心皮构成。中果皮为柔软多汁的果肉，内果皮为木质化的厚壁细胞形成硬核，内有一粒种子，如桃、李、杏等。三是坚果类，果实由子房发育而成，子房外、中壁形成总苞，子房内壁形成坚硬的内果皮，可食部分为种子的肥厚子叶，如核桃、板栗等。四是浆果类，子房上位，果实由多心皮构成，中、内果皮为柔软多汁的果肉。如葡萄、猕猴桃等。五是柑果类，子房上位，果实由8~15个心皮构成。外果皮为革质有油胞、凹点，中果皮为白色海绵状，内果皮形成囊瓣，囊瓣内侧表面着生许多柔软多汁的囊状毛（表皮毛），形成肉质多浆的汁泡，食用部分为汁泡，如柑、橘、橙柚等。

(2) 果实的发育特性

①单性结实。未经过受精而能形成果实的现象称为单性结实。其中开花时不需要任何刺激就可单性结实的为营养性单性结实，如无核柿、无花果等。开花时要有花粉或其他刺激才能单性结实的为刺激性结实，如无核枣等。单性结实的果实不形成种子，故为无核果实。

②果实增长有单S型和双S型两种类型。单S型果实前期增长慢，后期增长快，如仁果类、草莓等。双S型果实前期增长快，中期增长慢，后期增长快，如核果类的果实及葡萄、无花果、柿等。

③果实纵横径的相对生长。果实开始为细胞分裂，纵径增长快，横径增长慢，果实多为长圆形；后期果实体积增长，横径生

长超过纵径。因此，早期果为长圆形，将来果实就大，故长圆果多，则产量高。疏果时，长圆果多的要多疏，少的则少疏。

三、果树生长周期与周年管理

（一）果树年生长周期

果树在一年中随气候的变化而变化的生命活动过程称为年生长周期（年周期）。由于各地气候条件的差异，果树生长发育的规律差异很大。果树的年生长周期可以分为生长期与休眠期。

1. 生长期

落叶果树从春季萌芽到秋季落叶这一段时间为生长期。生长期包括萌芽、开花、抽枝、展叶和开花、坐果等生长发育过程。在果树的年周期中，营养物质的制造、输导、消耗和积累都有一定的变化规律，枝、叶、花、果、根等器官，也都按照各自的节奏活动。

2. 休眠期

休眠是果树为适应不良环境（如低温、高温、干旱等）所表现的一种特性。落叶果树从落叶开始到再度萌芽的过程，称为休眠期。处于休眠期中的果树，其生命活动虽然微弱，但并没有完全停止。休眠期的树体内部仍进行着各种微弱的生命活动，如呼吸作用、蒸腾作用、根的吸收合成、芽分化及树体内养分转化等。

（二）果树的生命周期

果树的生命周期是指从幼苗定植到衰老死亡的全部历史时期。果树在其整个生命周期中，要经历生长、结果、衰老、更新和死亡 5 个时期。生长期是指从幼苗定植到开始结果的时期；结果期又可细分为初果期、盛果前期、盛果期和盛果后期；衰老期又可分为衰老更新期和衰老死亡期。每个时期的长短，也都与栽培管理水平和整形修剪技术有关。

1. 实生树的生命周期

（1）幼年阶段　指从种子萌发起，经历一定的生长阶段到具备开花潜能的这段时期。在这时期，植株只有营养生长而无生殖生长。生产上常以开花作为此期结束的标志。不同的果树幼年期长短不同，如“桃三杏四李五年”，柑橘类约七八年，银杏、荔枝、龙眼则为十几年。果树幼年期生长的特点表现在树冠和根系离心生长迅速，枝条表现为分枝角度小、密集，直立生长，且具有针刺或者针枝。枝条上芽体小，叶片小而薄。

（2）成年阶段与衰老期　实生果树完成幼年期后，已经具有开花潜能，在适宜条件下即时开花结果，这个阶段称为成年阶段。根据果树在这一阶段结果数量和状况可分为结果初期、盛果期、结果后期3个阶段。结果初期的主要特点为树冠和根系仍快速扩展，叶面积增大，结果部位以下着生的枝条仍处于幼年阶段。盛果期树冠分级数增大并达到最大，各部位的枝条易形成花芽，坐果率高，果实品质好。结果后期地上部分枝条分枝级次渐高，先端枝条及根系开始回枯，出现自然向心更新，连年结果树体内营养积累减少，产量不稳，大小年现象明显。

衰老期的特点是树势明显衰退，表现为树体骨干枝、骨干根逐渐衰亡，枝条生长量小，结果枝或结果母枝越来越少，结果量小，果实品质差。

2. 嫁接树的生命周期

（1）幼树期　幼树期是指从苗木定植到开花结果这段时期。幼树期的特点是树体迅速扩大，开始形成骨架，新梢生长量大，地上部分和根系的离心生长都较旺盛，且根系的生长快于地上部分，叶片光合面积增大，树体营养积累增多，为开花结果奠定基础。如苹果、梨为3～4年，桃、葡萄为2～3年，枣为1～3年，核桃为3～8年。

（2）结果初期　结果初期是指从开始结果到大量结果前这段时期。结果初期的特点是枝条生长旺盛，离心生长强，分枝大量增加。根系继续扩展，须根大量发生，结果部位常在树冠外围中上部的长、中果枝上。果实味淡、品质较差，不耐贮藏。

（3）盛果期　盛果期是指果树进入大量结果的时期，即从有一定的经济产量开始，经过高产、稳产，到产量开始显著下降之前这段时期。这个时期果树的树冠和根系均已扩大到最大，骨干枝离心生长减缓，枝叶生长量减小。营养枝减少，结果枝大量增加，可形成大量花芽，产量达到高峰。果实的大小、形状、品质完全显示出该品种的特性。

（4）衰老期　衰老期是指果树从产量降低到几乎无经济效益时开始，到大部分植株不能正常结果以及死亡为止。衰老期的特点是结果的小枝越来越少，骨干枝、骨干根大量衰亡，病虫害加重。

（三）果树物候期

在果树的年生长周期中所表现的生长发育的变化规律，通常由各器官的动态变化反映出来。这种与季节性气候变化相适应的果树器官动态变化时期称为生物气候学时期，简称物候期。落叶果树各器官从春天开始，在生长发育过程中出现的物候期及其顺序大致如下：叶芽——膨大期、萌芽期、新梢生长期、芽分化期、落叶期。花芽——膨大期、开花期、坐果期、生理落果期、果实生长期、果实成熟期。根系——开始活动期、生长高峰期（多次）、停止活动期。

四、果树安全生产知识

果树生产安全是指在果树生产过程中能确保生产过程的生产安全和消费者食用安全的一系列措施。果树生产安全主要包括农药的安全使用、生产工具的安全使用以及安全果品生产 3 个方面内容。

（一）农药的安全使用

1. 禁用与限制使用的农药

为了保障人民的生命安全，保护农业生态环境，国家有关部门已先后下令禁用并淘汰了一批高毒、高残留及具有致癌、致畸、致突变的农药品种，限制了一些剧毒、高毒农药的使用范围。

（1）禁用农药品种　国家明令禁止使用的农药品种有：六六六、滴滴涕、毒杀芬、二溴氯丙烷、杀虫脒、二溴乙烷、除草醚、艾氏剂、狄氏剂、汞制剂、砷铅类无机制剂、敌枯双、氟乙酰胺、甘氟、毒鼠强、氟乙酸钠和毒鼠硅。自2004年6月30日起，禁止在国内销售和使用含有甲胺磷、对硫磷、甲基对硫磷、久效磷和磷胺5种高毒有机磷农药的复配产品。

（2）限用农药品种　甲胺磷、甲基对硫磷、对硫磷、久效磷、磷胺、甲拌磷、甲基异柳磷、特丁硫磷、甲基硫环磷、治螟磷、内吸磷、克百威、涕灭威、灭线磷、硫环磷、蝇毒磷、地虫硫磷、氯唑磷、苯线磷19种高毒农药不得用于蔬菜、果树、茶叶、中草药材上。三氯杀螨醇、氰戊菊酯不得用于茶树上。菊酯类农药不得用于水田。

2. 农药的合理使用

农药的使用应遵循经济、安全、有效、简便的原则，避免盲目施药、乱施药、滥施药。具体来讲，应掌握以下几点。

（1）对症下药　应根据病虫害发生种类和数量决定是否要防治，如需防治应选择对路的农药来防治。不要看人家打药自己也跟着打，不要隔几天就打一次所谓“保险药”，更要防止用错药。

（2）适时用药　应根据病虫害发生和发育进度并结合作物的生长阶段，选择最合适的时间用药，这个最适时间一般在病害暴发流行之前；害虫在未大量取食或钻蛀危害前的低龄阶段；病虫对药物最敏感的发育阶段；作物对病虫最敏感的生长阶段。

（3）科学施药　一是要选用新型的施药器械。二是用药量不能随意加大，严格按推荐用量使用。三是用水量要适宜，以保证药液能均匀地洒到作物上，用药液量视作物群体的大小及施药器械而定。四是对准靶标位置施药，如叶面害虫的主要施药位置是茎叶部位。五是施药时间一般应避免在晴热高温的中午，大风和下雨天气也不能施药。六是坚持“安全间隔期”，即在采果前的一定时间内禁止施药。

（二）除草剂的安全使用

（1）限用剂量　除草剂使用前先以最低安全剂量小面积试验，综合具体土质、墒情、草情，考虑农田小气候，严格按药品说明规定的剂量范围选择用药浓度、用药量。一般贫瘠沙性土壤除草施药时渗透性很大，作物易受药害，因此，用药量要小甚至忌药。多雨季节，墒情好时，需低剂量用药。杂草出芽整齐、密度低时，用药剂量应小些。

（2）合理混用药剂　将两种或两种以上除草剂混用时，可综合各剂的功效，但要考虑彼此间是否有颉颃作用或其他副作用。可先取少量药剂进行可混性试验，若出现沉淀、絮结、分层、漂浮变质等现象，说明安全性发生改变，则不能混用。还要注意混剂的增效功能，使用时要降低混剂药量，一般在各单剂药量的一半以内，以保证果树安全。

（3）灵活用药　根据田间杂草的主要种类、杂草的密度，以及主要杂草的生长发育阶段和状态，决定使用除草剂种类、用量或浓度，以及最佳的施药时间。

（4）安全操作　严格按照除草剂使用的条件、要求和操作技术规程使用除草剂，以保证人、畜和栽培作物的安全。

（三）常用生产器械的安全使用

1. 修剪工具的安全使用

新买来的剪子要先开刃，如果每天使用，最好隔几天磨一次，只磨斜面和刀刃，否则剪口出缝，容易夹皮。修剪细枝时，剪子口要顺着树枝分叉的方向或侧方，这样不但省力而且可防止修剪人员因不当使用修枝剪而受伤。修剪粗枝时，应该一手握剪，另一手把枝和向剪刃切下的方向柔力轻推，两手配合。使用修剪锯时一般应从枝条下侧锯起，锯粗枝时需要两人合作，一人据，另一人扶，配合好，以防止枝条下落伤人。制作修剪梯时应使用结实的材料，要能保证修剪人的安全。修剪人员修剪时要穿软底的防滑鞋。

2. 植保器械的安全作用

（1）喷雾机械作业前的准备　喷雾泵要能灵活转动，在标定转速下压力值要稳定、正常、符合要求；各喷嘴要在同一水平线上，喷嘴的距离和喷杆的高度要保证喷洒时有一定的重叠度；各喷嘴的喷量要均匀一致，其误差不得超过5%；用前要对喷雾机械的各部件进行全面保养、检查和调整，使之达到作业状态。

（2）喷雾机作业与注意事项

①喷药作业前，要选择具有代表性的地段进行喷雾试验，用以检验药剂的除草、杀虫效果及对果树的药害。

②作业时要先启动药液泵，然后打开送液开关进行喷洒；停车时要先关闭送液开关。

③喷药时要注意风向和风力，大风天不能喷药。机车行走方向应与风向垂直或呈一定角度，机车要匀速作业，无特殊情况下途不要停车。

④喷药时要注意随时检查喷雾质量，作业结束后，要及时检查除草、杀虫效果以及果树的药害情况。

⑤作业时应带防毒用具或口罩，作业中禁止饮食或吸烟。

⑥喷过剧毒药剂的地块，应作明显标记，防止人、畜入内。

⑦药械在喷药作业完成后要及时清洗各部件，并涂油保护。

3. 耕作器械的安全使用

（1）耕作器械的作业前准备　果树生产中的耕作器械主要是镟耕机，机动力为手扶拖拉机或小四轮拖拉机。作业前要仔细检查旋耕动力机和旋耕刀片是否有机械故障，并及时进行修理；连接动力机和旋耕机进行耕作试验，并观察耕作效果，及时调整耕作方法，以免造成树体损坏和人员伤亡。

（2）安全注意事项

①使用人员应先了解耕作器械的使用特点和安全注意事项，方可操作。

②耕作器械须经常检查，在技术状态正常后方能使用。

③耕作器械严禁先入土后再接合动力输出轴，或急剧下降耕作机，以防损坏拖拉机及耕作机的机件。

④倒车时严禁耕作。转弯或倒退时须切断动力，抬起旋耕刀片，同时提升耕作机，使耕作机的刀尖离耕地表面15～20厘米。

⑤耕作机工作时，拖拉机上不准乘人，以防跌入耕作机内造成伤亡事故。

⑥机具运转时，严禁人员、牲畜接近旋转部位。

⑦使用人员在工作时听到不正常的噪声，应立即停车检查，排除故障。

⑧如需要换耕作机部件，应将发动机熄火。严禁在发动机未熄火的情况下更换，以确保安全。

⑨由于耕作机是由拖拉机动力驱动的农具，因此，要求驾驶员特别提高警惕，随时注意切断动力，以防发生事故。

（四）安全果品生产

安全果品生产是食用补品安全生产体系建设的重要内容之一，是一项涉及人民群众饮食安全、生态环境保护和实现果品生产可持续发展的系统工程。

1. 科学使用农药

安全果品生产应根据可持续发展的要求，立足保护天敌，保护生态环境和生态平衡，禁止使用剧毒、高毒、高残留和具有致癌、致畸、致突变以及国家明令禁止的其他有机化学农药；严格遵守农药使用安全间隔期的规定。有选择地使用高效、低毒、低残留的专杀性农药品种，如吡虫啉、捕食螨等，以弥补生物技术措施的不足。

2. 合理使用化肥

生产安全果品应以有机肥、长效复合肥为基础，以氨基酸类、腐殖酸类复合微肥和果园生草覆盖为补充，提倡使用堆肥、厩肥、绿肥和秸秆还田，不使用单一元素的化肥，尤其是应限量使用氮肥。

3. 大力推广生物技术措施

安全果品生产应坚持以预测预报为基础，以矿物源农药为重点，综合运用植物源农药、生物源农药、昆虫生长调节剂、物理措施和综合管理措施。物理措施主要有：带、膜、袋的应用和信息素、糖醋液、黑光灯的使用等；综合管理措施主要有：加强肥水管理、增强树势，秋冬季节及时清理果园枯枝落叶，合理进行果树夏季和冬季修剪等。

4. 卫生包装、无污染的运输和贮存方法

无公害水果的包装采用符合包装卫生标准的包装材料。使用无公害农产品标志的标签应标明产品名称、产地、采摘日期或包装日期、生产单位或经销单位，对已经取得证书的，使用无公害农产品标志的水果可在其新产品或包装上加贴无公害农产品标志。无公害水果的运输应采用无污染的交通运输工具，不得与其他有毒有害物品混装混运。贮存场所应清洁卫生，不得与有毒有害物品混存混放。

第三章　果树苗木繁育与果树建园

一、果树苗圃建立

（一）苗圃地的选择

苗圃地的选择应从具体情况出发，因地制宜，适当改良，建立苗圃。确定苗圃地时，应注意以下事项。

（1）地点　应设在需要苗木地区的中心一带，减少苗木运输费用和运输途中的损失，而且苗木对当地的环境条件适应性强，栽植成活率高，生长发育良好。

（2）地势　应选择背风向阳、日照好、稍有坡度的倾斜地。坡度大的，应先修梯田。平地雨季地下水位应在1~1.5米。

（3）土壤　以沙壤土和轻黏壤土为好。板栗、沙梨等喜微酸性土壤；葡萄、枣、无花果等较耐盐碱；大多数果树以中性可微酸性土壤为好。

（4）灌溉　果树种子的萌发和插条生根、发芽均要求较湿润的土壤。我国北方地区，易发生春旱，必须有充足的水源，以供灌溉。

（5）病虫害　在病虫害较重的地区，尤其是对危害苗较重的立枯病、根头癌肿病；地下害虫，如蛴螬、金针虫、线虫、根瘤蚜、拟地甲等必须采取防治措施。

（二）苗圃地的规划

（1）苗圃地一般应包括母本园采穗和繁殖区两部分　采穗圃主要任务是提供繁殖材料。繁殖区根据所培育的苗木种类分为实生苗培育区、自根苗培育区和嫁接苗培育区，根据地形状况，为管理方便，小区以长方形为好。

（2）道路结合小区规划设置　主干路以苗圃中心与外部主要道路相通，宽6米左右，支路结合大区划分，然后根据需要划分若干小区，小区间留作业路。

（3）排灌系统与防护林　为节约用地，排灌渠道应与道路结合起来，防护林可参照果园防护林的要求设计。

（4）房舍建筑　苗圃办公室、工具室、种子库、仓库等应选择位置适中、交通方便的地点建筑，尽量少占用好地。

（5）苗圃地（除母本园外）　应根据规划安排，2～5年轮作，或不同种类果树苗轮作，同时，进行深翻改良土壤、刨除上茬苗的余根、土壤消毒等措施，亦可取得较好效果。

二、果树苗木培育

（一）实生苗的培育

凡是由种子长成的苗木统称为实生苗。实生苗根系发达，适应性强，生长旺盛。但实生苗结果晚，而且容易发生变异，不易保持原品种的优良特性。

1. *种子的采集和贮存*

（1）选择优良母本树　应从品质优良、类型一致、无病虫害的母树上采集充分成熟的种子。

（2）适时采集　采种时期以果实由绿色变为该种或品种固有的颜色、果肉变软、种子已充实饱满、种皮完全变为褐色时为宜。

（3）选果取种　采集种子后，应立即进行选果取种的工作，选肥大和发育正常的果实取种。

（4）种子贮存　种子取出后，应及时处理，以备贮藏和层积。一般仁果类的苹果、梨、海棠等及核果类的桃、杏、李等的种子，应在通风处阴干，避免曝晒。阴干后去除杂质和破粒，使纯度达到95%以上。然后置于温度在0～5℃，空气相对湿度在50%～70%的通风库内贮存。

2. 种子后熟和层积处理

（1）种子后熟　有些落叶果树的种子成熟后，即使遇到适宜条件也不能发芽，需要一个后熟过程。不同种类的种子，完成后熟需要的时间长短不同。种子完成后熟要求一定的条件，如果条件不适宜，则后熟作用进行缓慢甚至停止。

（2）种子层积处理　层积处理多采用露地沟藏法。选地势高且干燥背阴的地方挖沟，沟深60厘米，宽60～100厘米，长度根据种子多少决定。层积时沟底先铺一层干净的湿沙，然后使种子与湿沙相间层积，或将种子与湿沙混合存放。混沙贮藏时，小粒种子用1份种子、5份沙的比例混合，大粒种子用1份种子、15～20份沙的比例混合（至少要10倍沙），沙的湿度以手握成团，一触即散为宜。堆放到近地面10厘米时，可用湿沙将沟填平，再用土培高出地面。如种子量少不宜沟藏时，可用木箱或花盆沙藏放在地窖中，窖温0～5℃，并保持一定湿度。

层积的开始时期，应根据当地翌春可播种的日期和层积所需时间来确定，不可过早或过晚。主要果树砧木种子层积时间如表3－1所示。

表3－1　主要果树砧木种子层积时间

种类	层积时间（天）	种类	层积时间（天）
海棠果	60～80	中国李	80～120
新疆野苹果	70～90	扁桃（巴旦杏）	40～60
杜梨	60～80	枣、酸枣	60～100
毛桃、山桃	80～100	核桃、山核桃	60～80
杏、山杏	100	阿尔泰山楂	100

3. 种子生活力鉴定

为确定种子的质量和适宜的播种量，以保证出苗和成活率，在种子层积前或播种前应对其生活力进行鉴定。

（1）外部形态目测法　一般生活力强的种子种皮有光泽，种仁饱满，种胚和子叶均为乳白色，不透明，有弹性，用手指压按不破碎，无发霉气味。

（2）浸种目测法　对山定子、海棠果等小粒种子，可浸种24小时后剥去种皮观察其性状。如子叶和胚为清白色或乳白色，压之有弹性，则为有生活力的种子。如子叶和胚呈透明状或变黄等，均为无生活力的种子。

（3）染色法　常用的染色剂有靛蓝和胭脂红。在染色前将种子浸水24小时，然后剥去种皮，用0.1%～0.2%的水溶液（也可用其他染色剂），在室温条件下染色3小时。凡全部着色或胚着色者即表明已失去发芽能力，具有生活力的种子则不着色。

（4）发芽试验　用一定数量的种子（一般大粒种为50粒，小粒种为100粒），在适宜条件下使其发芽。根据发芽种子占供试种子的百分数确定种子的生活力。

4. 播种

（1）圃地准备　一是深翻细耙，深翻25～30厘米。二是结合整地每亩应施腐熟圈肥1 500～2 500千克。三是做畦。一般种子（如山定子、杜梨）通常用平畦育苗，畦宽1米、长10米；阴畦南北向排列，阳畦则东西向排列，以便充分利用光照。

（2）播种时期　可秋播，也可春播。常见果树每千克种子数量和播种量如表3－2（供参考）所示。也可用下列简单公式计算：

每亩播种量＝每亩计划育苗数量/（每千克种子粒数×种子纯洁率×种子发芽率）

表 3-2　常见果树每千克种子数量和播种量

种类	每千克种子数量（粒）	播种量（千克/亩）	种类	每千克种子数量（粒）	播种量（千克/亩）
海棠果	50 000	1	八陵海棠	30 000	1.5
新疆野苹果	30 000	1.5	酸枣	4 000	5
杜梨	45 000	1	阿尔泰山楂	20 000	30
毛桃	300	50	核桃	100	100
山杏	80	20	扁桃（巴旦杏）	500	50

（3）播种方法　一是条播，按一定株行距开条形沟播种称为条播，一般仁果类砧苗的行距为 30 厘米，桃、杏、核桃的行距为 50～60 厘米。二是点播，大粒种子多采用点播法，即按规定的株行距在播种畦中挖穴，在穴中放入种子。一般畦宽 1 米，每畦播 2 行，行距 50 厘米，株距 15 厘米，覆土深度为种子横径的 3 倍左右。三是撒播，小粒种可用此法，撒播前要先将苗畦整平、灌水，等水下渗后把种子均匀地撒在苗床或畦中，然后覆土，厚度以掩埋种子为度。

（4）播种后的管理　播种后到出苗前争取不补水，以防土壤板结，降低地温，不利出苗。天气干旱时应及时补水。小粒种子播种后，常用稻草等覆盖，以减少水分蒸发。待幼苗部分出土后，应及时除去覆盖物。

5. 实生苗的管理

一是中耕除草。二是早间苗，晚定苗，选优去劣。三是及时追肥灌水，芽接前一周，如天气干旱，应及时灌水。对实生苗，9 月上旬以后应控制肥水，使其及时停止生长，必要时进行摘心。四是及时防治苗期病虫害。

（二）嫁接苗培育

将优良品种植株的枝或芽接到另一植株的枝干或根上，使之愈合成一个独立的新植株，这个过程称为嫁接，得到苗木称为嫁接苗。

用于嫁接的枝或芽称为接穗或接芽，承受接穗的部分称为砧木。

1. 砧木选择

嫁接苗是由砧木和接穗两部分组成的，砧木在果树的生活中同样起着重要的作用，砧木的某些性状和特性，如生长势及对寒、旱、涝、盐碱和某些病虫害等抵抗能力，都会影响到果树的生长、结果以至生存。

（1）砧木的选择　在容易发生冻害的地区，选用抗寒砧木十分重要。一般原产于干旱地区的砧木抗旱力较强。通常嫁接在具有矮化性状砧木上的果树结果早，接在乔化砧上的则迟；一般矮化砧木可使果实提早成熟，着色较好。砧木对嫁接树寿命有很大影响，一般情况下，乔化砧寿命长，矮化砧寿命短。

（2）中间砧的选择　利用中间砧可以矮化树势、克服嫁接不亲和问题、提高嫁接树的抗寒以及对某些病虫害的抵抗能力，因此，中间砧对接穗的影响是十分显著的。一般情况下，中间砧影响的效果与其长度成正相关，当用于矮化中间砧时，砧段长度要求在25厘米左右；当用于抗寒中间砧或骨架砧时，砧段长度要更长一些。但用于新和中间砧时，只要有1～2个芽的砧段就足已达到要求。

（3）区域化砧木的选择　不同类型的砧木有不同的特性，它们对于生态条件和适应能力不同，因此，只有根据区域条件选择适宜的砧木，才能更好地满足果树栽培的要求。

2. 接穗的采集和贮运

接穗要从良种母本树上或采穗圃采集。春天用的接穗最好结合冬剪采集，最迟要在萌芽前2～3周采集。采后每100条捆成一捆，标明品种，放入地窖用湿沙贮藏。生长季嫁接用的接穗可随采随用。如需提前采集，采下后立即剪掉叶片，保留叶柄，以减少水分蒸发。接穗每50～100条捆成一捆，标明品种，然后于阴凉透风处，挖浅沟铺湿沙，将接穗下端插入沙中，并喷水保持湿润。接穗远运时，应附上品种标签，然后用双层湿蒲包或塑料薄膜包好。夏季要注意通风，防止温度过高。

3. 嫁接

（1）芽接　芽接是繁育果苗最常用方法。

①T 形芽接（盾状芽接）。从当年生新梢上取饱满芽的芽片（通常不带木质部）作为接穗，在砧木上距地 5 厘米左右处的光滑部位开 T 形切口，长、宽略大于芽片。芽片长 1.5～2.5 厘米，取芽时要连芽内侧的维管束一同取下，将砧木切口皮层撬起，把芽片放入切口内，使芽片上部切口与砧木横切口密接，然后用塑料条绑严扎紧，如图 3－1 所示。

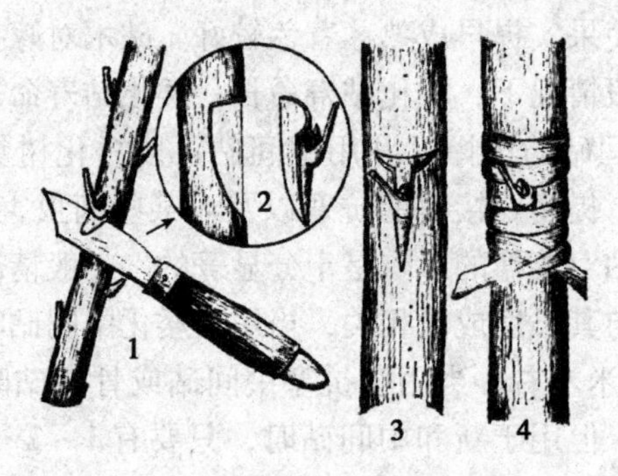

1. 削取芽片；2. 取下的芽片；3. 插入芽片；4. 绑缚

图 3－1　T 形芽接

②套芽接。选取接穗上饱满芽眼作为接芽，在芽上下各 1～1.5 厘米处环切一周，深达木质部，用拇指和食指捏紧芽褥部分，左右扭动，待皮层滑动后，再将砧木在离地面 10 厘米左右处切断，双后撕开约 1.5 厘米长的皮层，然后从接穗枝上取下管状芽套，套合于砧木上，使二者紧密接合，再将撕开的皮层向上扶起，围绕住芽套下部即可，可不绑缚或轻绑。注意在套接时选择的接穗与砧木的粗度应相等，使接芽套和砧木紧密吻合。另外，砧木也可不截头，只要芽套取时为开口的管状。

③嵌芽接。削取接芽时倒拿接穗，先在芽上方 0.8～1.0 厘米处向下斜削一刀，长 1.5 厘米左右，然后在芽下方 0.5～0.8

厘米处斜切（呈30°角下斜），深达第一刀切面，取下带木质的芽片。再在砧木的适当部位，切下和接穗芽片形状、大小相同的切口，使接穗正好嵌入切口，形成层和形成层对齐，如果砧木粗接穗细，接穗的皮层可和砧木的一边皮层靠对，然后和塑料条绑紧绑严（图3－2）。

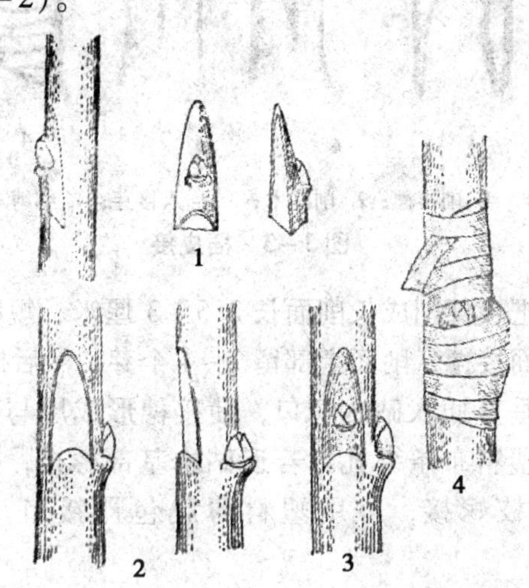

1. 削接芽；2. 削砧木接口；3. 插入接芽；4. 绑缚

图3－2　嵌芽接

（2）枝接

①插皮接（皮下接）。把削好的接穗插入砧木切口皮下，使之愈合长成一个新植株。选生长健壮、芽体饱满的一年生枝作为接穗，用时可根据情况截取2～4个饱满芽。接穗削成切面长2～2.5厘米的马耳形，削面要求平滑。再将砧木于适当位置剪断，选光滑的一侧纵切皮层，切口长2.5～3厘米，将皮向两边撬，然后将削好的接穗插入砧木皮内，用塑料条绑严绑紧（图3－3）。

②切接。砧木比接穗粗时可采用切接法。在砧木基部选圆整平滑处剪断，削平剪口。从砧木横断面处纵切一刀，深度在3厘

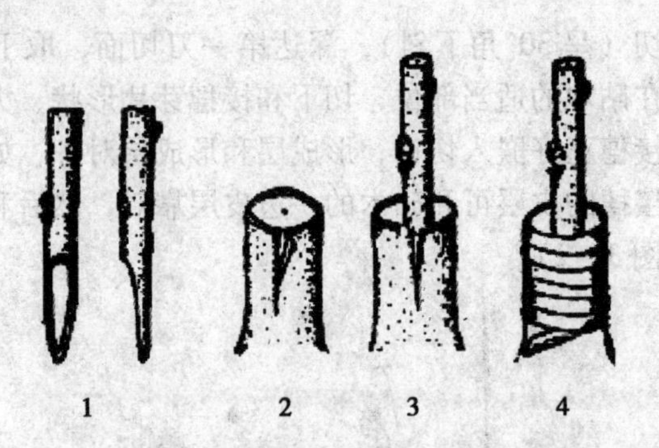

1. 削接穗；2. 削砧木；3. 插入接芽；4. 绑缚

图 3－3　插皮接

米以上。再把接穗削成长削面长 2.5～3 厘米、短削面长 0.5～1 厘米的双削面接穗，削面上部留 2～4 个芽。然后按长削面向里、短削面向外垂直插入砧木切口，使接穗形成层与砧木形成层正对，最后用塑料布条绑扎。若近砧木基部嫁接，接后可埋土保湿；若在高枝嫁接，可用塑料薄膜包严接口，涂接蜡保湿（图 3－4）。

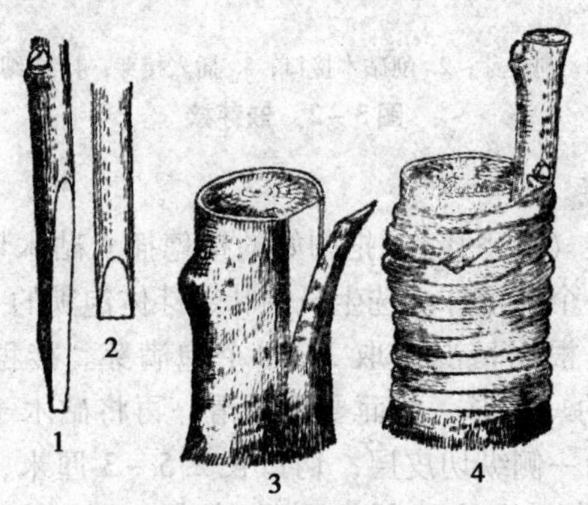

1. 接穗的长削面；2. 接穗的短削面；3. 切开的砧木；4. 绑缚

图 3－4　切接

③劈接。砧木较粗时可用此法。将砧木从圆整平滑处锯断或

剪断，削平锯口，修平断面。用劈接刀从断面中间劈开，深度在3厘米以上。把接穗削成长楔形，两削面的长度为3厘米左右，削面以上有2~4个芽，然后用木楔把劈开的砧木切口撑开，把削好的接穗对准砧木皮部的形成层插入，使接穗削面上部露白1毫米，抽出木楔，砧木把接穗夹紧。如果砧木较粗，可同时插入2~4个接穗，接后绑缚包扎。如果近地嫁接，接后可埋土保湿；高枝劈接应包严所有切口，涂接蜡保湿（图3-5）。

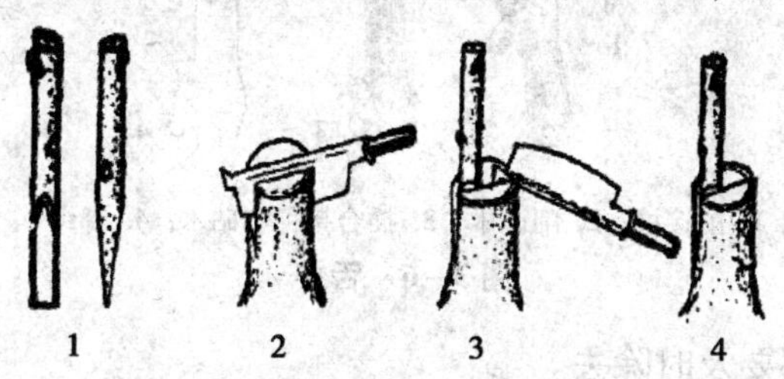

1. 接穗的削面与侧面；2. 劈砧；3. 插入接穗；4. 接合状

图3-5　劈接

④舌接。砧木和接穗粗度相近时可用舌接法。砧木和接穗均削成长3厘米的马耳形削面，然后在削面先端1/3处下刀，平行切入削面，深1厘米左右，然后将砧木削面与接穗削面相对，两切面的切口套合，使二者的形成层对准，接穗细时，只要一边对齐就行。对好后用塑料布条或其他绑缚物包扎（图3-6）。

4. 嫁接苗的管理

（1）芽接苗的管理　首先，接后10~15天后可检查嫁接成活情况。凡是芽或芽片保持新鲜状态，叶柄一碰就掉就说明已经成活。生长季进行的芽接或带木质的芽接，发现不活时，可抓紧时间补接。接口的包扎物不能去除太早，一般在3周以后解绑。其次，寒冷地区应在秋后给芽接后的半成品苗灌封冻水，同时，培土防寒。第二年春天再及时去除，冬季不太冷的地区可不培土。最后芽接成活后的砧苗，应在春季接芽萌发前剪去接芽以上的砧段，一般在芽上0.5厘米处一次剪掉，剪砧以后，凡砧木上

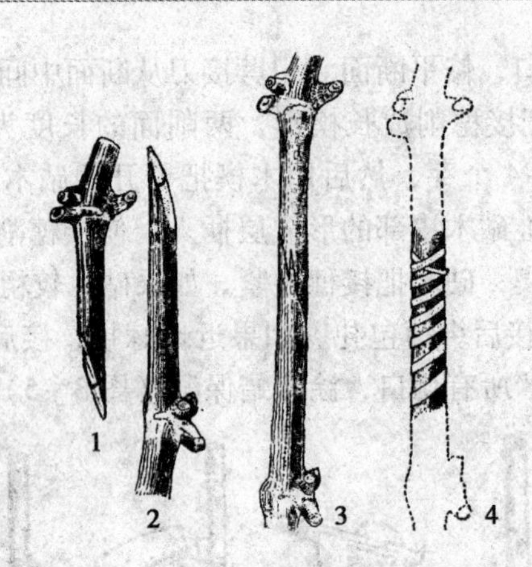

1. 削接穗；2. 削砧木；3. 插合接穗和砧木；4. 绑缚

图3-6　舌接

发出的芽都要及时除去。

（2）枝接苗的管理　枝接后从砧木上也容易萌发萌蘖，应及早除去。如果枝接接穗多，成活后应选留方位好、生长健壮的上部一根枝条，其余去除。

（3）加强肥水和病虫防治　嫁接苗生长前期要有充足的肥水，应及时追肥浇水，经常中耕锄草，保持土壤疏松。7 月以后控制肥水，防止后期徒长。发现病虫害时应及时采取措施。

三、果树苗木出圃

（一）出圃前的准备

首先，要对出圃苗木进行清查，核对出圃苗木的种类、品种和数量。做到数量准确，品种不混。其次，根据调查作出出圃计划，制定出圃技术操作规程，包括起圃技术要求、分级标准和包装质量等。

（二）挖苗

挖苗时期一般在霜降前后。挖苗前若土壤干燥应提前浇水，这样挖苗容易，伤根少。挖苗时先把叶片摘除，尽量少伤根，掘起后应就地适时假植，用土埋住根系，避免风吹日晒。

(三) 苗木分级

一定要根据国家及地方的有关统一分级标准，将出圃苗木进行分级。不合格的苗木应列为等外苗，不应出圃，可留在圃内继续培养（表3－3）。

表3－3　几种主要果树苗木的出圃规格

种类	级别	苗高（厘米）	主干直径（厘米）	根系	
				粗根数量（条）	粗根长度（厘米）
温州蜜柑	1	>80	>1.2	3～4	>17
	2	60～80	1～1.2	3～4	>13
甜橙	1	>100	>1.2	3～4	>17
	2	80～100	1～1.2	3～4	>13
梨	1	>120	>1.7	3～4	>20
	2	100～200	1.3～1.7	3～4	>17
苹果	1	>110	>1.5	3～4	>20
	2	90～110	1.2～1.5	3～4	>17
桃	1	>100	>1.7	3～4	>20
	2	80～100	1.3～1.7	3～4	>17
枣（自根苗）	1	>150	>1.0	>5	>20
	2	100～150	1	>5	>15
葡萄	1	>50	>0.35	>3	>10

(四) 苗木的修剪、检疫和消毒

1. 苗木修剪

苗木的修剪应结合分级进行，主要是剪去过高的不充实部分、病虫枝梢和根系的受伤部分。

2. 苗木检疫

苗木检疫是防止病虫传播的有效措施。凡列入检疫对象的病虫，应严格控制不蔓延，即使是非检疫对象的病虫亦应防止传播。

3. 苗木消毒

出圃时苗木需要很好地消毒。其方法如下：一是石硫合剂消毒，用相对密度为1.028～1.036（4～5波美度）的溶液浸苗木10～20分钟，再用清水冲洗根部1次。二是波尔多液消毒，用比例为1∶1∶100的药液浸苗木10～20分钟，再用清水冲洗根部1次。三是升汞水消毒，用60%浓度的药液浸苗木20分钟，再用水冲洗1～2次。

（五）苗木假值、包装和运输

第二年春栽或外运的苗木，分级消毒后需进行假植贮藏。在圃内就地开始，沟深宽各1米，长度以苗木多少而定。假植时将苗木分层斜放沟内，根部盖土浇水，以防漏风。不同品种应分沟假植详加标记，严防混杂。

苗木外运必须妥善包装。包装材料可用稻草包、蒲包、塑料袋等。包前将包装材料充分浸水保持一定的湿度。每50～100株一捆，包好后，标明品种、砧木名称及等级，避免混杂。

四、果园规划与建设

（一）园地选择与土壤改良

1. 园地选择

若在山地建果园，应以坡度5°～10°为宜，坡度大时应修筑水土保持设施。坡向的选择以背风向阳（东坡、东南坡或南坡）为宜，最好结合当地地形及气候观测，确定冬季温度较高的“逆温带”建园。

若在丘陵建园，则应选择窝风向阳，冷空气能顺利通过的地段，尽量避免在冷空气停滞的低洼地和迎风岗上建园。

平地建园应选择地势较高，便于排水，地下水位在2米以下的地块建园。沙滩地建园在1米以内不能存在黏板层。

2. 土壤改良

目前，多采用壕沟改土，按确定的株行距顺行挖定植沟，沟宽60~100厘米，沟深60~80厘米，长度不限，以整块地挖通为宜，定植沟最好按南北方向挖（坡地和丘陵则按等高线挖沟改土）。挖沟时将心土与表土分开堆放，先将作物秸秆、杂草、绿肥、迟效磷肥混合，然后与表土一齐分层压入，心土盖于表层，最后用表土栽植苗木。定植沟最好在栽苗前1个月完成。苗木定植好后每年秋季沿定植沟向外扩穴深翻压绿（压入杂草及作物秸秆等），在3~5年内完成全园深翻。也可先确定定植点，然后在定植点扩穴定植。穴长宽各深60厘米，同样按上述方法压入杂草、秸秆等作底肥，栽植后逐年向外深翻。

未全园深翻的果园从定植第二年起就应扩穴改土，一般从定植沟或定植穴向外逐年改土，若未挖定植沟或定植穴的果园应从植株主干30~40厘米处逐年向外扩穴，直到全园扩完为止。

（二）果园规划设计

果园规划设计的主要内容有以下几方面。

1. 水土保持工程

水土保持工程的重点就是如何有效地防止水土流失和风蚀，山地可采用修筑拦水坝和梯田的办法，高质量的梯田可以有效地拦蓄降雨，实现水不出田、土不下坡。而平原或滩涂地则可营造防风林。

2. 果园小区的规划

小区的划分要根据园地实际情况来确定，兼顾“园、林、路、渠”进行综合规划。小区的大小应以果园的地形、地势、土壤及气候等自然条件而定。山地小区面积不宜过大，一般以15~60亩为一小区。平原、高原或地势平坦的地带，小区面积可定至90~180亩；若是大型农场，小区的面积可增至300~450亩。小区的形状通常以长方形为宜，其长边与短边的比例，可为2：1或（5：3）~（5：2），其长边即小区走向，应与防护林的走向一致。

短边的长度不宜过小，以满足各种机械方便、高效作业。

3. 道路系统的规划

果园的道路一般由主路、干路、支路和作业道组成。各级道路要相互连通，形成路网，贯穿全园。主路一般宽5~7米。道路两旁设立防护林或排灌渠道。干路和支路一般是小区的边界，宽3~4米，在防护林下，与排灌渠道并行或将排灌渠道设在干路或支路的底下。作业道设在小区内，为方便作业而设，以不多占地为原则。山区果园的道路设计要考虑地形、坡降，应与水土保持工程相结合进行规划设计。

4. 排灌系统的规划

大型的果园，必须有合理、完善的排灌系统，它包括水源、水的输送、排泄管道和供水设施等。

果园输水一般以铺设地下管道为主，这样既少占地又节水；若采取地上渠道方式输水，则应特别注意渠道的防渗问题，采用U形渠、铺设塑料膜防渗，减小水的损失和浪费。灌溉方式一般有渠道灌溉、喷灌和滴灌等。

果园的排水系统一般应独立设计施工，完善的排水系统一般包括地下排水渠道，毛、支、干、主排渠网系，能在各种情况下排涝、防涝。平地果园排、灌两者合二为一，涝时排水，旱时灌溉；涝洼地果园，每行间都要挖排水沟，沟深和沟宽视涝佳程度而增减，最终使果园成为“台田”；山地果园要挖好堰下沟，防止半边涝。

5. 果园防护林的规划

果园防护林按功能可分为主林带和副林带。大、中型果园，应设主林带和副林带。一般主林带应设置成与当地主风向垂直，如果条件不许可，交角在45°~90°也可，主林带一般栽植4~8行。副林带则以防护来自其他方向的风为主，其走向与主林带垂直，一般栽植1~2行。根据当地最大有害风的强度设计林带的间距大小，通常主林带间隔为200~400米，副林带间隔多为

500～800 米。小面积果园的林带可以不分主副，一般栽植 1～4 行为一带即可。

主要树种应选用生长速度快、高大的深根性乔木，通常选用的树种有加杨、毛白杨、箭杆杨、钻天杨、小叶杨、沙枣等。辅助树种可选用柳、枫、白蜡以及部分果树和可供砧木用的树种，如山楂、山丁子、海棠、杜梨、桑、花椒、文冠果等。灌木可用紫穗槐、灌木柳、沙棘、白蜡条、桑条以及枸杞等。防护林林带一般距果树 10～15 米栽植。

（三）果园树种、品种的选择与配置

1. 品种选择

选择最适宜当地生长的优良品种，一般栽种 2～3 个品种能满足果树相互授粉即可，但要分清主次。不同用途、不同成熟期的品种应按一定比例搭配，一般来说，早熟品种不耐贮藏，大宗果品、晚熟品种耐贮藏，所以，一般果园宜多栽晚熟品种。

2. 果树的授粉品种搭配

建园时主栽品种确定以后要选配合适的授粉品种。授粉品种要求发芽率高且和主栽品种花期相同、花粉量大并与主栽品种授粉亲和性好、产量与品质符合要求、经济价值较高、寿命与主栽品种相近等。苹果、桃等主要优良品种的授粉品种如表 3－4 所示。

表 3－4　苹果、桃等主要优良品种的授粉品种

树种	主栽品种	授粉品种
苹果	红富士	王林、元帅系品种、金矮生、金冠
	短枝红富士	首红、金矮生、新红星、烟青
	乔纳	红富士、阳光、王林、千秋
	金冠	元帅系品种、红玉、富士
	短枝元帅系	短枝红富士、金矮生、烟青
	王林	红富士、金矮生、澳洲青苹
	澳洲青苹	王林、红富士、金矮生、金冠

（续表）

树种	主栽品种	授粉品种
桃	大久保	冈山白、早生水蜜、撒花红蟠桃
	冈山白	大久保、白凤、上海水蜜
	白凤	上海水蜜、大久保
	燕红	大久保、白凤、冈山白
	撒花红蟠桃	白凤、冈山白、上海水蜜
	北农早艳	大久保、冈山白、离核、早生水蜜
	京玉	大久保、白凤
	瑞光 5 号油桃	大久保、上海水蜜、撒花红蟠桃、曙光油桃
	曙光油桃	白凤、冈山白、大久保、瑞光 5 号油桃

授粉树种与主栽品种的搭配可按等量式 2∶2 或 4∶4，也可按差量式 1∶2、1∶4 或 1∶8。1∶2 配置一般为二行主栽品种一行授粉树种；1∶8 配置即在 1 株授粉品种周围栽 8 株主栽品种（图 3－7）。

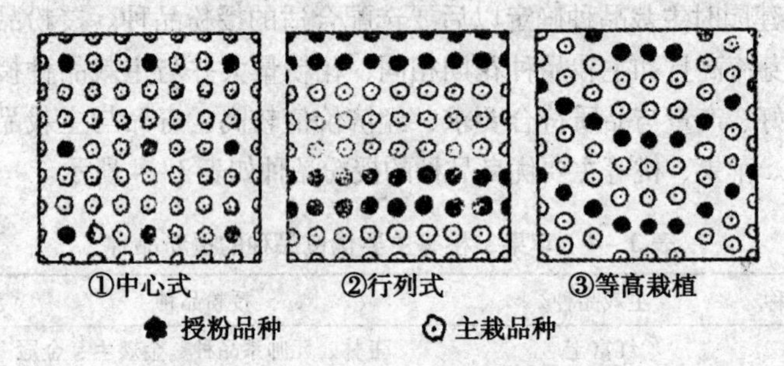

图 3－7　果树授粉树的配置方式

（四）果园辅助建筑规划

果园的辅助设施包括管理房、贮藏室、农具室、农用物资库房、包装场、晒场、药物配制场所、堆肥场等，甚至需要建职工休息、住宿的房舍。房屋建筑、包装场尽可能设在果园的中心位置，药池和配药场宜设在交通方便处或小区的中心。果园中各部分比例一般为：果树占地90%以上，道路占地3%左右，排灌系统占地1.5%左右，防护林带占地5%左右，其他辅助设施占地0.5%。

五、果树栽植与植后管理

（一）果树栽植

1. 果树栽植的密度

不同树种、品种在盛果期树冠大小不同，应根据树种、品种的生长特性，确定栽植密度。北方常见果树的栽植密度如表3－5所示。

表3－5　主要果树常规栽植密度

果树种类	行距×株距（米×米）	每亩植株数量（株）	果树种类	行距×株距（米×米）	每亩植株数量（株）
李	(4～4.5)×(3.5～4)	37～48	柿	(6～7)×(5～6)	16～22
梅	(4～4.5)×(3.5～4)	37～48	核桃	(6～7)×(5～6)	16～22
枣	(5～5.5)×(4～5)	24～33	板栗	(6～7)×(5～6)	16～22
梨	(4.5～5)×(4.5～5)	30～37	葡萄	(2～3)×(1.5～2)	111～222
桃	(4.5～5)×(4～4.5)	30～37	猕猴桃	(2.5～3)×(2～2.5)	90～133

2. 果树栽植方式

果树栽植方式好栽植点的布置形式。果树栽植的主要方式有以下几种。

（1）正方形栽植　株行距相等，便于纵横耕作，但盛果期果园内通风透光不良。

（2）长方形栽植　行距大，株间密，果树行内形成较强大的果树群体，有利于提高果树抗性，并有利于通风透光，便于耕作和管理，是常用的栽植方式。

（3）三角形栽植　行距相同的情况下，可比方形的密度大，但不利于纵横耕作。

（4）丛植　在一个栽植点上栽植两株以上，形成小的群体，有利于提高果树抗性，尤其在北部干寒地带，丛植果树可提高果树抗寒越冬能力。

（5）等高栽植　随等高线走向栽植成行，有利于保持水土。

（6）计划密植　建园时除栽植永久留用的植株以外，在其株、行间有计划地栽植短期利用的逐年间伐的加密果树。这种方式的栽植密度逐渐减小，果树的生长较均匀，土地利用率与光能利用率较理想，果园的产量较稳定，如图 3－8、图 3－9 所示。

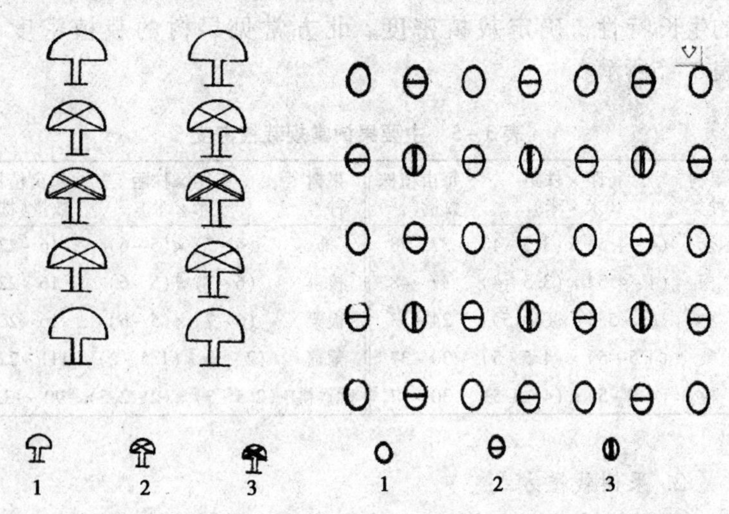

1. 永久树；2. 第一次间移树；3. 第二次间移树

图 3－8　株间加密的计划密植　　**图 3－9　行株间的计划加密**

3. 果树栽植时期

休眠期栽植通常落叶性果树是在落叶以后萌芽以前栽植较好。生长期栽植的时期的关键在于土壤水分状况，土壤供水充足，全年可栽。但大面积的生产果园仍以果树休眠栽植为宜。

4. 定植点的测量

无论是哪种类型的果园，在定植前，都需要根据规划的栽植方式和株行距进行测量，标定定植点，并按点栽植。

5. 定植穴准备

定植穴的口径应上下一致，直径和深度通常为 80 ~ 100 厘米。浅根性的果树穴可浅些，深根者宜深。挖穴时应以定植点为中心，不可偏移，穴土应按表土、底土分别堆放在穴的两侧。挖穴的时间尽量提前，以便穴土充分晾晒、熟化，并能积蓄较多的雨雪，提高土壤墒情。春栽则秋挖。秋栽则夏挖。填穴应先填表土，后填心土，基肥与土充分掺匀施入穴中。边填边踏紧，并覆盖一层无肥料的土壤，灌足水使松土落实，以免栽后苗木随土下陷，使栽植过深。

6. 果树栽植

在已经挖好并回土、灌水、落实的定植穴中部，再挖一小穴，在中间堆一小土堆，把树苗置于小土堆上，前后左右对直，使根系舒展，并均匀分布四周，避免根系相互交叉、盘结。然后将苗木扶正，纵横对准再填土，要注意边填土边踏、边提苗，并轻轻抖动苗木，使根系与土壤密接。栽植后通常使苗木原有地面痕迹与地面相平，过高或过低均不适宜栽植。然后，平地、作畦、灌浅水，待水渗透，土壤稍干，扶正苗并培小土堆，目的在于保湿、防风。北方秋季定植的，要将苗木弯倒完全埋入土中，以免越冬“抽条”。

（二）果树栽植后管理

实践证明栽植后 2 ~ 3 年内的管理水平对于保证果树的成活和早结果、早丰产都非常重要，不可轻视。

1. 幼树定干、除萌蘖

当幼树栽植完成之后，应按整形要求及时定干。稀植苹果、梨定干高度一般为 80 ~ 100 厘米（包括整形带 20 厘米），桃树定干高度为 40 ~ 60 厘米（包括整形带 15 ~ 20 厘米）。密植树的整形定干也应根据整形需要确定，当幼树萌芽并抽出幼梢之后，要将对干基部离地30厘米之内的萌芽抹除。

2. 检查成活及补栽

春季，幼树发芽展叶后应进行成活情况的检查，统计成活率，找出死树数量及死树原因，并及时进行补栽。补栽时注意务必使之与原行品种相一致，否则会给以后的管理带来不便。

3. 追肥灌水

定植当年，在幼树旺长期，最好在树盘内追施1~2年速效性肥料，以助苗木恢复生长，但不宜施肥过多。用肥种类依据果树的需要决定。我国北方多春、夏干旱，除定植时灌水外，应根据情况及时灌水，保证土壤有充足的水分，满足果树生长的需要。

4. 其他管理

注意防治病虫危害，保证幼树健壮生长。树盘内及时中耕，不可形成草荒。间作物宜用低秆豆科作物，以利通风透光，且与幼树保持一定距离。落叶后幼树干涂白，以防发生冻害。

5. 防止幼树发生抽条

北方幼树越冬常发生因冻旱而抽条的现象。一二年生幼枝可全株埋土越冬，效果最好。稍大的树，不便于埋土者，可在栽植穴的北侧，垒半圆形的土埂（高约30厘米），或在幼树周围地面铺1平方米的塑料薄膜，以提高根际土温。秋后注意防除大青叶蝉的危害。为防止加重抽条，2~3月间，树体可喷羧甲基纤维素2~3次。

第四章 果园土肥水管理

一、果园土壤管理技术

（一）果园土壤管理方法

1. 清耕法

清耕法是园内长期休闲并经常进行耕作，使土壤保持疏松和无杂草的状态。清耕法一般有秋季的深耕和春、夏季的多次中耕及浅耕除草。秋季深耕一般深20厘米，生长季节中耕和浅耕一般以5~10厘米为宜。

2. 清耕—覆盖作物法

即在果树需肥水最多的时期进行清耕，在后期和雨季种植覆盖作物，待覆盖作物长成后适时将覆盖作物翻入土壤中作肥料。它吸收了清耕法和生草法各自的优点，但选择的作物应具备生长期短，前期生长慢，后期生长快，枝叶茂密，翻耕入土后容易分解，耐阴，容易栽培等特点。

3. 生草法

即在除树盘外的果树行间种植禾本科和豆科等草类，刈割后以之覆盖地面，是果园优质高产高效的较理想的方法之一。

其优点是：一是防止或减少水土流失，改良沙荒地和盐碱地。二是提高土壤肥力，改善了土壤结构，校正果树某些缺素症。三是创造生态平衡环境，提高果树抗灾害的能力。四是便于机械作业，省工省力。缺点是：一是生草与果树争夺肥水问题。二是对土壤理化性状的影响。若长期种草，土壤表层常板结，通气不良，影响果树根系的生长和吸收，因此，应及时清园更新。

宜人工生草的草类有：白三叶草、草木樨、紫云英、苕子、匍匐箭筈豌豆、鸡冠草、野苜蓿、多变小冠花、草地草熟禾、野牛草、羊草、结缕草、猫尾草和黑麦草等；野生草类有：狗牙根、羊胡子草、假俭草、车前、三月兰、翻白草、碱蓬和白头翁等。

4. *覆盖法*

目前，我国果园土壤应用覆盖技术者多是秸秆覆盖和塑料薄膜覆盖。

（1）秸秆覆盖法　即在树盘下或果树行间的土壤表面上，覆盖厚10厘米左右的秸秆或杂草等，可增加土壤有机质、水分和肥力，防止杂草丛生，减小土温变幅，防止水土流失。但长期覆盖，会使病虫害、鼠害增多，同时，还应注意火灾的危害。

（2）薄膜覆盖　薄膜覆盖又称地膜覆盖，不仅保墒，提高水分利用率和地温，控制杂草和某些病虫害，而且果实早着色、早成熟，提高果实的品质和商品价值。目前，常用国产薄膜种类：高压聚乙烯、低压聚乙烯、线性高密度聚乙烯、线性与高压聚乙烯共混膜等。

薄膜覆盖技术分人工覆膜和机械覆膜两种。以保墒为目的的地膜应在降雨量最少、蒸发量大的季节之前进行，以带状或树盘覆盖的方式为好；以促进果实着色和早熟的地膜覆盖，一般应在果实正常成熟前1个月时进行，以全园覆盖为好。

5. *免耕法*

又叫最少耕作法，即果园土壤表面不进行耕作或极少耕作，而主要用化学除草剂除草的一种土壤管理方法。国外许多发达国家的果园土壤管理多采用这种方法。我国所谓的改良免耕法，采取果园自然生草的方式，以除草剂控制杂草的害处，而利用其有益的特点，主要针对有害杂草而采取相应的措施。

（二）幼年果园土壤管理

1. 树盘管理

树冠所能覆盖的土壤范围称为树盘。树盘是随树冠的扩大而增宽的。树盘土壤管理多采用清耕法或覆盖法。清耕法的深度以不伤大根为限，耕深为10厘米左右。有条件的地区，也可用各种有机物或薄膜覆盖树盘。有机物覆盖的厚度一般在10厘米左右。如用厩肥或泥炭覆盖时可薄一些。沙滩地树盘培土，既能保墒又能改良土壤结构，减少根际冻害。

2. 果园间作

（1）间作物种类的选择　应选用植株矮小或匍匐生长的作物，生育期短，适应性强，需肥量小，且与果树需肥水的临界期错开，与果树没有共同性的病虫害，果树喷药不受影响。还要求作物耐阴性强，产量和价值高，收获较早。

果园常用的优良间作物有豆科作物的黄豆、绿豆、菜豆、蚕豆、豌豆、豇豆、花生等。块根、茎类作物有萝卜、胡萝卜、马铃薯、甘薯等。蔬菜类作物有大蒜、菠菜、莴苣和瓜类等。此外，还可间作药材：白芷、党参、芍药等。

（2）间作物种植年限及范围　一般是新植园的前3～5年应该间作，并随树冠的扩大而逐年缩小其间作面积。一般进入结果盛期应取消间作。

3. 果园种绿肥作物

绿肥作物是一种饲、肥两用的经济作物，可广开肥源，充分利用土地资源。

（1）绿肥作物种类的选择　适应于酸性土壤的有苕子、猪屎豆、饭豆、豇豆、紫云英等；适应于微酸性土壤的有黄花苜蓿、蚕豆、肥田萝卜等；适应于碱性土壤的有田菁、紫花苜蓿等（表4－1）。

表 4-1　常用绿肥作物简介

种类	播种期	播种量（千克/亩）	压青或刈割时期	产草量（千克/亩）	特性
乌豇豆	春、夏实秋	4~5	播后 50 天左右（盛花期）	1 000~1 500	一次播种，一次收获。生长快，产量高，年内可多作多收，枝叶鲜嫩，易腐烂。喜高温多湿，有一定抗旱力，宜做夏绿肥
绿豆	春、夏	<2	播后 60 天左右（盛花期）	1 000~1 500	一次播种，一次收获。生长较快，产量高。枝叶鲜嫩，易腐烂，喜高温，耐旱、耐瘠、不耐涝，一般酸性土或盐碱土均可栽培
田菁	春、夏	3~4	蓓蕾至初花期	1 500	属高秆绿肥，春播年内可割两次，耐涝、耐瘠、耐盐碱，能养地改碱。应及时收割以免影响果园通气透光和茎秆木质化
柽麻	春、夏	2~2.5	播种 40~50 天	2 000~3 000	属高秆绿肥，生长极速，年内可刈割两三次。耐旱、耐瘠、耐酸、耐盐碱，但不耐涝。茎秆易木质化，适宜改良沙荒
紫云英红苕子	秋季	2~3	晚春至初夏（盛花期）	1 500~2 000	属高秆绿肥。春播年内可刈割两次。耐涝、耐瘠、耐盐碱，能养地改碱，应及时收割以免影响果园通气透光和茎秆木质化
毛叶苕子	秋季	2.5~3.5	晚春至初夏（初花期）	2 000~2 500	产量高，茎叶鲜嫩，易腐烂，耐阴、耐旱、耐瘠、较耐寒、不耐涝。可种在行间或株间

（2）绿肥作物的种植与翻压 播种绿肥作物后仍需施肥，一般豆科绿肥施磷肥和种肥，适时追施速效性磷肥，可起到“以磷增氮”的作用。绿肥作物刈割翻压不宜过迟，也不宜过早。因过早产量低，过迟茎秆老化，难于腐烂分解。一般开花时翻压最好。

（三）成年果园土壤管理

成年果园土壤管理方法，要根据果园土壤覆盖的程度做科学的调控，如空隙大，可采用清耕—作物覆盖法或生草法；如土壤空隙小，也可采用清耕法。几种主要方法介绍如下。

1. 耕翻

根据不同时期的需要，有秋耕、夏耕和春耕。秋耕一般是在落叶后或采实前后进行深耕，秋耕深度一般为 20 厘米左右。春耕应在开春后气温开始回升，树芽萌动前进行，其深度比秋耕稍浅，干旱地区应结合灌水进行。夏耕是果树旺盛生长期进行的翻土工作，其深度更浅，应注意少伤根，以免引起落果。

2. 中耕除草

中耕与除草常常一起进行。根据土壤状况来决定中耕除草的时期、次数和深度。在果树生长季节的 4～9 月，雨水多，土壤易板结，杂草生长快，应多次进行中耕；如遇干旱，也要及时中耕，以提高土壤抗旱力。中耕深度，一般为 5～10 厘米。

为了节省劳力，提高工效，大型果园常使用机械中耕或撒施化学除草剂除草。常用除草剂应根据果园主要杂草种类、对除草剂的敏感度和忍耐力及除草剂的效能选择适用种类、浓度和喷撒时期等，浓度过高，往往使果树受害。在喷撒除草剂前，应做小型试验，然后再大面积应用。

3. 果园土壤覆盖

根据果园具体情况，有周年覆盖和短期覆盖。短期覆盖主要是在夏季进行，防止土壤冲刷和土温增高。也有冬季覆盖以保温防冻害的。覆盖厚度因覆盖物种类而定，常用稻草、麦秸、玉米秸等有机物，一般以10～20厘米为最佳。若因覆盖材料缺乏而中途停止时，冬季常受冻害而夏季根系易遭受灼伤和旱害。在现代果园中常以薄膜代替秸秆，效果同样很理想。

4. 果园培土

一般成年果树，根群分布广泛，因长期雨水冲刷土层变薄，而使根系上浮或根群裸露，易受冻害和旱害而使果树生长不良。因此，通过经常培土以加深土层，促进根系伸展，扩大吸收范围。果园培土可与耕翻、修筑水利结合进行。

综上所述，几种果园土壤管理方法，在不同生态条件下各有其利弊。各果产区应根据当地树种、自然条件、园艺设施等特点，因地制宜、因树制宜地予以灵活选择应用，才能达到果园土壤管理的预期目标。

（四）果园土壤的深翻熟化

深翻熟化是果园土壤改良的最基本措施，是我国果区果农在长期果树生产实践中创造出来的宝贵经验。如辽宁省的放树窝子，河北省涿鹿县的扣地，福建省和广东省的培土等都是因地制宜的改土好经验。

1. 深翻时期

实践证明果园四季均可深翻，一般以秋冬季为宜，以秋季为最好。

（1）秋季深翻　落叶果树果园，一般在果实采收后至落叶休眠前结合秋施基肥进行。秋季是果园深翻最佳时期。

（2）冬季深翻　入冬后至土壤上冻前进行，操作时间较长。如冬季少雪，翌年春季应及早春灌，除直接供根系生长所需水分外，还有利于有机质的腐烂分解，促进土壤有效养分的转化。但冬季深翻根系，伤口愈合很慢，新根也不能再生，北方寒冷地区一般不进行冬翻。

（3）春季深翻　应在解冻后及早进行。北方春旱，春翻后应及时春灌。早春多风地区，春翻过程中应及时覆盖根系，免受旱害。风大干旱和寒冷地区不宜春翻。

（4）夏季深翻　最好在根系前期生长高峰过后，北方雨季来临前后进行。深翻后降雨可使土粒与根系密接，不致发生吊根和失水现象，夏季伤根易愈合。雨后深翻，土壤松软，节水省工。但夏季深翻若伤根过多，易引起落果，故结果多的成龄树，一般不宜在夏季深翻。

2. 深翻深度

一般深翻的深度为60厘米左右。如山地土层薄，下部为半风化的岩石，或滩地在浅层有砾石层或黏土夹层，或土质较黏重等，深翻的深度一般要求达到80～100厘米左右；若为沙质土壤，土层厚，则可适当浅些；深根性果树可适当深一些，浅根性果树可以稍浅。

3. 深翻方式

（1）扩穴深翻　又叫放树窝子。扩穴深翻指在结合施秋肥的同时对栽后2～3年内的幼龄树果园。从定植穴边缘或冠幅以外逐年向外深挖扩穴，直至全园深翻完为止。每次可扩挖0.5～1.0米，深0.6米左右。在深翻中，取出土中石块或未经风化的母岩，并填入有机肥料及表层熟化土壤。一般2～3年内可完成全园深翻（图4－1）。

（2）隔行深翻或隔株深翻　为避免一次伤根过多或劳力紧张，也可隔行深翻。平地果园可随机隔行或隔株深翻。隔行深翻分两次完成，也可进行机械操作。等高撩壕坡地果园和里高外低梯田果园，第一次先在下半行给以较浅的深翻施肥，下一次在上半行深翻把土压在下半行上，同时，施有机肥料，深翻与修整梯田相结合。

（3）全园深翻　将栽植穴以外的土壤一次深翻完毕。这种方法一次动工量大，需劳力较多，但翻后便于平整土地，有利于果园耕作。

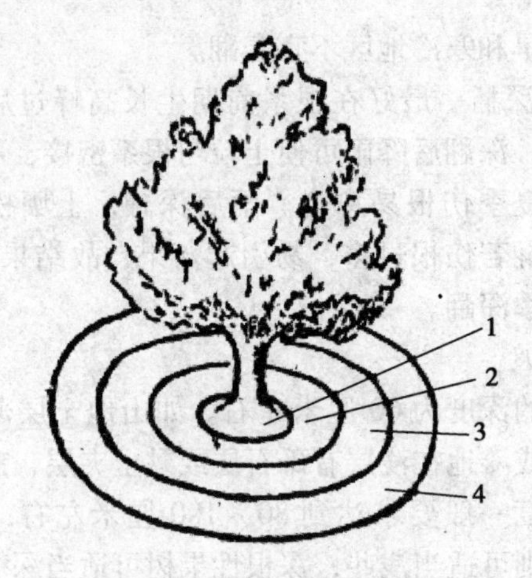

1. 定植穴；2. 第一年扩穴；3. 第二年扩穴；4. 第三年扩穴

图 4－1　果园扩穴深翻

二、果树合理施肥技术

（一）果树营养特点

与大田作物和蔬菜作物相比，果树在营养上具有如下一些特点。

1. 吸取养分量大

为了满足其地上和地下部分生长发育以及年年提供大量果品的需要，果树每年都要从土壤中吸取大量的营养物质，尤其是成年果树吸收量更大。

2. 持续消耗养分

果树生长周期长，一般同一植株在同一地块上要持续生长几十年。由于果树有位置固定，连续吸收养分的特点，往往会使土壤中某些营养元素过度消耗。

3. 需要冬前贮备养分

果树树体大，在其根、枝、干内，贮藏大量营养物质，除碳水化合物外，还有含氮化合物和多种矿质元素。果树早春萌芽、开花和生长，主要消耗树体贮存的养分。

4. 吸收深层养分能力强

果树施肥必须注意这一特点。同时，果树根系发达，入土很深，吸肥能力强，对外界环境条件的适应性比大田作物或蔬菜作物强。尤其是成年果树，可从下层土壤中吸收某些养分，以补充上层土壤中养分的不足。

5. 树体营养差异大

果树一般是利用嫁接方式繁殖的，砧木不同，从土壤内吸收营养元素的能力不同；接穗品种不同，需肥情况也有差异。

6. 具有年周期的营养特点

果树是多年生作物，其年周期的营养特点是：生长初期（萌芽、开花和枝叶迅速生长期）需氮最多，以后需要量开始下降，至果实采收后仍需一定量的氮素；磷的含量在生长期内有所增加，但直到后期需要量变化不大：钾在生长初期含量较多，生长中期为吸钾高峰。

（二）果树施肥特点

1. 果树生命周期中的施肥特点

幼龄期果树主要是发展树冠和扩大根系，以充分积累树体养分。这一时期生长量不大，需肥量也不多，但对肥料反应十分敏感。如果这个阶段营养不良，即使以后加倍施肥，也难以弥补。施足磷肥、适当配施氮肥和钾肥是果树早结果、早丰产的关键措施之一。

未结果或进入初结果期，由于根冠不断扩大，要保持较旺盛的营养生长，氮肥应占较大的比重。这一时期要继续扩大树冠和促进花芽分化，所以应在施氮肥的基础上增施磷、钾肥。

结果盛期的成年树，施肥的主要目的是优质丰产，提高商品价值。由于结果多和连年花芽分化，应提高磷、钾、钙肥比重，所以施肥要注意氮、磷、钾和钙肥配合，尤其要提高钾肥的比例。

盛果期以后，树体逐渐衰老，在老年期应多施氮肥，其氮肥施用比重应同幼树一样，以促进更新复壮，维持盛果不衰。

2. 果树年周期中各物候期的施肥特点

果树在一年中随季节的变化要经历抽梢、长叶、开花、果实生长与成熟、花芽分化等生长发育阶段（即物候期）。果树的年周期大致可以分营养生长期和相对休眠期两个时期。果树一般是头年进行花芽分化、第二年春开花结果。落叶果树秋季果实成熟，而常绿果树则要到冬季果实才能成熟，挂果时间长，对养分需求量大。

针对果树年周期中各物候期的需肥特性，特别要注意调节营养生长与生殖生长，营养生长与果实发育之间的养分平衡。一般在新梢抽发期，注意以施氮肥为主，在初花期、幼果期和花芽分化期以施氮、磷肥为主，果实膨大期应配施较多的钾肥。

3. 果树不同砧穗组合的施肥特点

多数果树属无性繁殖，砧穗组合与营养关系密切，为维持其原品种特性，多采用无性繁殖，嫁接是最常用的方法，不同砧穗组合会明显影响果树生长结果，并能改变果树养分吸收。

4. 果树营养物质的贮藏与施肥关系

果树与草本植物相比具有多次结果特点，多数果树在结果前一年就形成花芽，并在树体内部贮备养分以备来年春季生长之需，所以头一年营养状况对翌年生长结果关系密切。故果树栽培既要注意采前管理，还要加强采后管理措施，适时施足秋季基肥，提高树体贮藏营养的总体水平，为保证果树持续丰产打下基础。

5. 常绿果树与落叶果树的施肥特点

由于常绿果树和落叶果树年生长期的生理活动差异很大，因此，在不同的生长物候期对养分吸收的种类、数量和比例有所不同，表现出不同的需肥特点。如常绿果树柑橘对氮的需要量大而敏感，落叶果树苹果对钙的需求敏感。

（三）果树常规施肥技术

常见果树的施肥方法有以下几种。

1. 放射状沟施法

在距树干1米左右处，以树干为中心，向树干外围等距离挖4~8条放射状的直沟，沟宽30~60厘米、深15~40厘米，沟长与树冠齐，将肥料施在沟内并覆土（图4-2）。

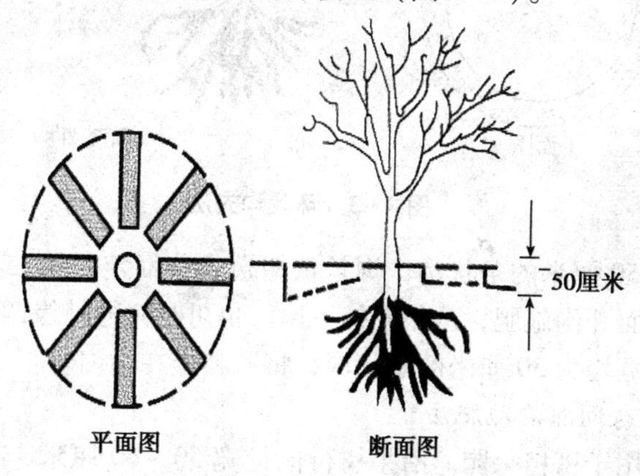

图4-2 放射状沟施

2. 穴施法

多用于保水保肥力差的沙地果园。在距树干1米处的树冠下，均匀地挖10~20个深40~50厘米、上口直径40~50厘米、底部直径5~10厘米的锥形穴，穴内填枯草、落叶，用塑料布盖口。施肥、浇水均在穴内进行。

3. 环状沟施法

在树冠垂直投影外20~30厘米处，以树干为中心，挖一条宽40~50厘米、深50厘米（追肥时，深10厘米）的环状沟，底部填施有机肥和少量表土，上面可撒些化肥，然后覆土。施肥量一般幼树每株50千克，成龄大树100千克左右（图4-3）。

4. 条状沟施法

又叫四面沟施法，即在树冠外缘稍外相对两面各挖一条深、

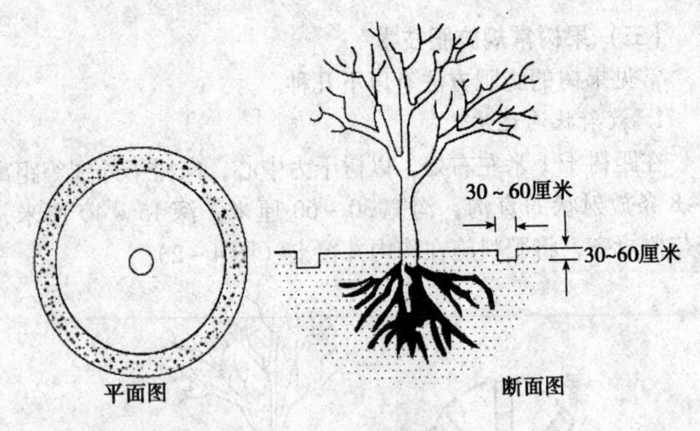

图 4－3　环状沟施法

宽均为 50 厘米的条状沟，沟长依树冠大小而定。第二年在另外相对两面开沟施肥，两年轮换一遍。也可在树冠外缘四面各挖一条深、宽均为 50 厘米的条状沟，将肥料施在沟内。

5. 行间深沟施肥法

适用于密植果园。沿果树行向挖宽 50～60 厘米、深 60～70 厘米的沟，沟长与树行同，将肥料施在沟内。

6. 打眼施肥法

适用于密植果园和干旱区的成龄果园。在树冠下用土钻打眼，把肥料施入眼内并灌水，让肥料缓慢渗透至根部。

7. 全园施肥法

适用于根系满园的成龄或密植果园。先将肥料撒布全园，然后翻肥入土，深度 25 厘米左右。

8. 灌水施肥法

即将肥料溶解在灌水中施用，尤以与喷灌和滴灌相结合的较多。它适用于树冠相接的成龄果园和密植果园，具有供肥及时、肥料分布均匀且利用率高、不伤害根系并有利于保护土壤结构等特点。

9. 注射施肥法

俗称打针施肥法，常用于矫治果树缺乏营养素病。方法是在树干基部钻3个深孔，用高压注射机把肥液通过钻孔注入树体(图4-4)。

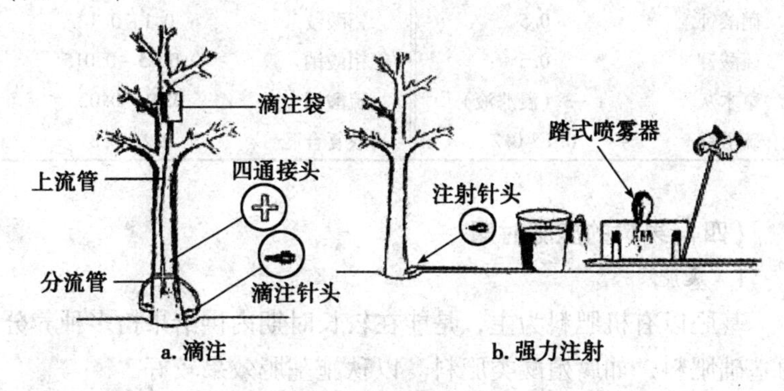

图4-4 注射施肥示意图

10. 根外施肥法

又叫叶面喷肥法，是生产上经常采用的一种施肥方法。即将肥料溶解在水中，配成一定浓度的肥液，用喷雾器喷洒在叶片上，通过叶片上的组织被树体吸收利用。果树采用根外施肥，一般可增产5%~15%。常见果树根外追肥的浓度如表4-2所示。

表4-2 根外追肥的肥料种类及使用浓度

肥料种类	喷布浓度（%）	肥料种类	喷布浓度（%）
尿素	0.3~0.5	硝酸镁	0.5~1.0
硫酸铵	0.3	柠檬酸铁	0.1~0.2
硝酸铵	0.3	硫酸亚铁	0.05~0.1
腐熟人尿	30~50	硫酸锌	0.1~0.2或0.5~1.0（加0.25~0.5熟石灰）
磷酸铵	0.5~10	氧化锌	0.2
过磷酸钙	0.5~1.0（浸滤液）	硫酸锰	0.05~1.0或0.3（加0.1熟石灰）

（续表）

肥料种类	喷布浓度（%）	肥料种类	喷布浓度（%）
磷酸二氢钾	0.3~0.5	氧化锰	0.15
磷酸二氢钙	0.1~0.2	硼砂（酸）	0.1~0.2
硝酸钾	0.5	钼酸铵	0.1~0.3
硫酸钾	0.5	钼酸钠	0.0075~0.015
草木灰	1~3（浸滤液）	硫酸铜	0.01~0.02
硫酸镁	0.1~0.2	高效复合肥	0.2~0.3

（四）果树的施肥时期

1. 基肥

基肥以有机肥料为主，是能在较长时期内供给果树多种养分的基础肥料，如腐殖酸类肥料。以秋施基肥效果较好。

2. 追肥

目前生产上对成年结果树一般每年追肥2~4次。但需根据果园具体情况，酌情增减。

（1）花前追肥　果树萌芽开花需消耗大量营养物质，但早春土温较低，吸收根发生较少，吸收能力也较差，主要消耗树体贮存养分。若树体营养水平较低，此时氮肥供应不足，则导致大量落花落果，还影响营养生长，对树体不利。北方多数地区早春干旱少雨，追肥必须结合灌水，才能充分发挥肥效。

（2）花后追肥　这次肥是在果树坐果期施用，也是果树需肥较多时期。幼果迅速生长，新梢生长加速，都需要氮。追肥可促进新梢生长，扩大叶面积，提高光合效能，有利于碳水化合物和蛋白质的形成，减少生理落果。一般花前肥和花后肥可互相补充，如花期追肥量大，花后也可不施。

（3）果实膨大和花芽分期追肥　此期部分新梢停止生长，花芽开始分化。追肥可提高光合效能，促进养分积累，提高细胞液浓度，有利于果实肥大和花芽分化。这次肥既保证当年产量，又为来年结果打下了基础，对克服大小年结果也有作用。对结果不多的大树或新梢尚未停止生长的初结果树，尤其要注意氮肥适量施用，否则易引起二次生长，影响花芽分化。这次肥应注意氮、磷、钾适当配合。

（4）果实生长后期追肥　这次肥主要解决大量结果造成树体营养物质亏缺和花芽分化的矛盾。树体内含氮化合物的变化，一般 8 月含量最高，若前期氮肥不足到秋季则逐渐减少，至落叶前减至最少。因此，后期宜追施氮肥。果树体内钾和碳水化合物高则果实着色好，此期追施适宜比例的氮、磷、钾肥料，对果树有多方面的作用，对盛果期大树尤为必要。生产上很重视这次追肥的施用，也有与基肥结合施用的。

三、果园灌溉与排水技术

（一）果园灌水

1. 灌溉水源

用于果园灌溉的水源，有河水、雨水、井水、泉水、地表径流水、积雪和污水等。利用污水灌溉，则需分析是否含有有害盐类和有毒元素及其化合物。在喷灌和滴灌时，应特别灌溉水中不能含泥沙和藻类植物，以免阻塞喷头和滴头。

2. 灌水时期

果树在不同物候期，对需水量有不同的要求。

（1）发芽前后到开花期　此期土壤中如有充足的水分，可以加强新梢的生长，加大叶面积，增强光合作用，并使开花和坐果正常，为当年丰产打下基础。春旱地区，此期充分灌水更为重要。

（2）新梢生长和幼果膨大期　此期常称为果树的需水临界期。此时果树的生理机能最旺盛，如水分不足，则叶片夺去幼果的水分，使幼果皱缩而脱落。如严重干旱时，叶片不定期将从吸收根组织内部夺取水分，影响根的吸收作用正常进行，从而导致生长减弱，产量显著下降。

（3）果实迅速膨大期　就多数主要落叶果树而言，此时既是果实迅速膨大期，也是花芽大量分化期，应及时灌水，这样不但可以满足果实肥大对水分的要求，同时，可以促进花芽健壮分化，从而达到在提高产量的同时，又形成大量有效花芽，为连年丰产创造条件。

（4）采果前后及休眠期　在秋冬干旱地区，此时灌水，可使土壤中储备足够的水分，有助于肥料的分解，从而促进果树翌春的生长发育。在北方对多数落叶果树来说，在临近采收期之前不宜灌水，以免降低品质或引起裂果。寒地果树在土壤结冻前，灌一次封冻水，对果树越冬甚为有利。

3. 灌水量

最适宜的灌水量，应在一次灌溉中，使果树根系分布范围内的土壤湿度达到最有利于果树生长发育的程度。只浸润表层或上层根系分布的土壤，不能达到灌水要求，且由于多次补充灌溉容易引起土壤板结、土温降低，因此，必须一次灌透。一般深厚地土壤，一次需浸湿土层 1 米以上，浅薄土壤，经过改良，亦应浸湿 0. 8 ~1 米。

4. 灌水方法

（1）沟灌　在果园行间开沟灌水。沟深 20 ~ 25 厘米。沟距，一般密植果园每行 1 沟，稀植园则隔 1 米左右开 1 条沟，黏重土壤沟宽一些。此法主要借毛细管作用浸润土壤，不破坏土壤结构，用水较经济，便于机械化作业，是一种较合理的方法。

（2）漫灌　多应用在水源丰富、大面积平地的果园，如把果园分成若干畦更好。这种方法比较科学省工，但易使土壤板结、抬高地下水位，还会使土壤中的各种矿质营养渗漏至土壤深处。

（3）盘灌　以树干为中心，在树冠投影外缘修筑树盘土埂，树盘与灌溉沟相通。水从灌溉沟流入树盘内。此法用水经济，但浸湿土壤范围较少，亦有破坏土壤结构、使表土板结的缺点。

（4）穴灌　在树冠外挖土穴数个（一般8～12个），穴径30厘米，穴深以不伤根为宜，灌后将穴填平。此法用水更为节约，浸湿土壤范围大而均匀，不易板结，在水源缺乏地区和山丘地区最为适宜。

（5）喷灌　即利用机械和动力设备，将具有一定压力的水，通过管道输送到果园，再由喷头将水喷射到空中，以雨滴状态降落在果园地面。此法灌水均匀，不受果园地形影响，在沙质砾质土壤中应用效果更佳；节约水，基本不产生深层渗漏和地表径流，不破坏土壤结构；调节果园内小气候，减轻或避免高温、低温、干风的危害，工作量小，效率高；可结合喷药、追肥。但喷灌会加大空气湿度，有利于某些病虫繁殖危害；一次性投资较大，成本较高。

（6）滴灌　利用管道将加压的水，通过滴头，以水滴或细小水流的形式，缓慢地滴入果树根际附近的土壤，使果树主要根系分布的土壤保持在适宜于果树生长的最优含水状态。滴灌可节约用水，适用于多种复杂地形的果园；不破坏土壤结构，能经常对根域土壤供水。但长期滴灌，可使滴头附近的土壤内根系密集，但总根量有所减少，若滴灌的果树每株只有一个滴头，则根的生长不规律，降低固地性，还会使叶子和果实中的营养元素不均匀，所以需每年变换滴头的位置。

（7）穴贮肥水　穴贮肥水是在穴状施肥和穴状灌水的基础上发展起来的肥水管理方式。特别适于干旱缺水、土壤瘠薄的山地和丘陵地区。其方法是在树冠齐投影边缘向内移50～70厘米根系集中分布区。根据树冠大小确定挖穴的数量，每穴起作用的范围约方圆50厘米。每个穴的直径20～30厘米，深度40厘米左右，穴中央竖一草把，草把可用玉米秸、谷草、麦秸等制成，上下两道捆紧，长度比穴深2～3厘米，捆好后放在水中浸泡。把浸透水的草把放在穴中央，把掺和有土杂肥、化肥的土壤填入，每穴浇水4～5千克。首次浇水不宜过多，以免肥料流失，埋设完毕即覆盖地膜，地膜边缘用土压严，中央正对草把上端穿一小洞，用石块或土堵住，以便将来浇水。

（二）果园排水

果园排水不良时，土壤中空气缺乏，根的呼吸作用受到抑制，根系生长和吸收能力减弱，严重时会导致植株死亡。同时，土壤微生物的活动减弱，从而降低土壤肥力。

1. 排水时间的确定

对深土层积水地，可利用土壤水分张力计进行测定。一般当达到土壤最大持水量时必须进行排水。各种果树耐涝力的强弱，亦可作为排水时间的参考。如桃、无花果、梨等耐涝力弱，葡萄、柿等耐涝力强。应对耐涝力弱的品种优先排水。而北方秋季多涝，是排水的主要季节。

2. 排水系统

排水系统一般由小区内的排水沟、作业区内的排水支沟和排水干沟组成。

在旱地果园，集水沟应与作业区长边和果树行向一致，也可与行间灌水沟并用或并列。集水沟的纵坡应朝向支沟，支沟的纵坡应朝向干沟，干沟应布置在地形的最低处。排水沟的间距和深度，应视降雨量和地下水位而定。对于栽植区内的集水沟，在地势低洼、地下水位高、降雨量大、土壤含盐量多的地方，集水沟的数量宜多、深、宽，间距宜小，反之亦然。

山地或丘陵地果园的排水系统，主要包括梯田内侧的行带沟，栽植小区之间的排水沟以及拦截山洪的环山沟、蓄水池、水塘和水库等。

近年来不少地方采用地下暗管（沟）排水，其优点是由于暗管埋入地下，地下水降得深、快，可提高山地利用率，有利于耕作和管理，节省清沟劳力，改善土壤通透状况，排除土壤中有害物质，促进土壤的改良等。但此法一次性投资大，施工技术要求高。

第五章　果树树体管理

一、果树树体结构与果树树形

（一）果树树体结构

果树由地上部分和根系组成。树形完整的果树，其地上部分包括主干和树冠两个部分，它们由枝和芽发育而来（图5－1）。

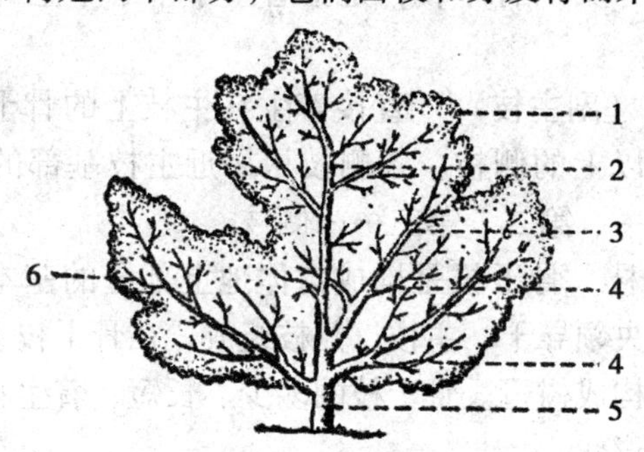

1. 树冠；2. 中心干；3. 主枝；4. 副主枝（侧枝）；5. 主干；6. 枝组

图5－1　果树树体结构

1. 果树整体结构

（1）树冠　一般果树树冠由中心干、主枝、侧枝、辅养枝、枝组组成。树冠是树干以上所有着生的枝、叶所构成的形体。冠径是树冠直径，一般分东西和南北两个部分。

（2）主干　主干是指从地面起到构成树冠的第一大分枝基部的一段树干。它负载整个树冠的重量，起着沟通地上与地下营养物质交换的重要作用。干高是树干的高度，干周是距地面20厘米树干的周径，干径是距地面20厘米树干的直径。

（3）中心干　中心干也叫中央领导干，是主干的延长部分，是指从主干上端第一层主枝以上，处于树冠中心，向树冠顶端生长的树干。构成树冠的所有主枝都着生在这上面。

（4）树冠层性　枝条的中心干、主干上形成明显层次的现象，称树冠层性。层内距是同层内最下和最上主枝的距离。层间距是第1层和第2层，第2层和第3层相邻两层上下主枝间的距离。

（5）辅养枝　辅养枝是着生在树冠各类枝条上的非骨干枝。在果树的生命活动中，它们起着辅养树体生长结果的作用。辅养枝又分为临时辅养枝和永久辅养枝两类。

（6）主枝　又叫骨干枝，是指着生于中心干上并构成树冠的各大分枝。

（7）侧枝（副主枝）　直接着生在主枝上的骨干枝。每个主枝都有一个以上的侧枝。各侧枝从靠近主枝基部的第一个算起，分别为第一、第二、第三……侧枝。

（8）骨干枝　骨干枝是构成树体地上部分的基本骨架，主要由主干、中央领导干、主枝、侧枝组成。在骨干枝上着生小枝和枝组，共同构成树冠。骨干枝的多少、长短、着生状态，决定树冠的大小和形状。

（9）枝组　结果枝组简称枝组，是从中心干、侧分枝或主侧枝及辅养枝上长出的各个群枝组合，在群枝中包括不同枝龄的枝轴、营养枝和结果枝等。可分为大、中、小3种。一般大型枝组有7～9个二次枝，中型枝组有4～6个二次枝，小型枝组有1～3个二次枝。

2. 生长枝

果树树体各类枝条主要有：不定芽枝、裙枝、平行枝、背后枝、延长枝、竞争枝、徒长枝、重叠枝、直立枝、轮生枝、跟枝、内向枝、并生枝、斜生枝、营养枝、纤细枝、中间枝、结果母枝、更新枝、结果枝、内侧枝、外侧枝、把门侧枝、背后侧枝、平生枝、下垂枝、交叉枝、辅生枝、对生枝、内膛枝、外围枝、春梢、夏梢、秋梢、副梢、光腿枝和锥子枝。

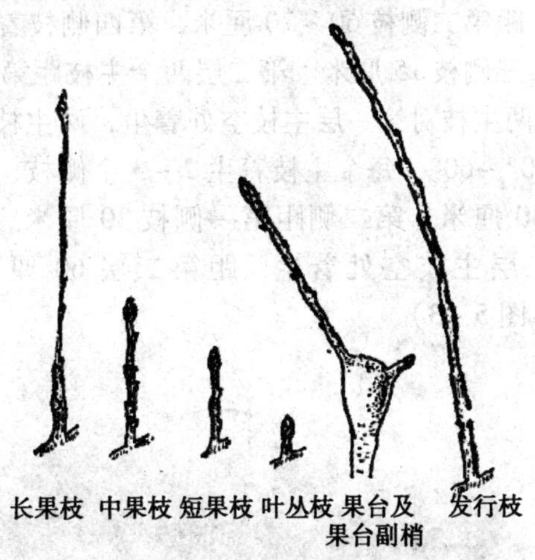

图 5-2　苹果的各种结果枝

根据结果枝的长度和形态可以分为长果枝、中果枝、短果枝和花束状果枝（图 5-2）。花束状果枝，一小段枝条，大部称为果台。从果台萌生的小枝称为果台枝。

（二）果树树形

根据树体形状及树体结构，果树的树形可分为有中心干形、无中心干形、扁形、平面形和无主干形。有中心干的树形有：疏散分层形、十字形、变则主干形、延迟开心形、纺锤形和圆柱形等。无中心干的有杯状形、自然开心形。扁形树冠有树篱形和扇形。平面形有棚架形、匍匐形。无主干的有丛状形。常见的树形主要有以下几种。

1. 主干疏散分层形

树高 3～5 米，主干高 50～60 厘米，主枝 5～6 个，分 3～4 层排列于中央领导干上，第一层 3 个主枝分枝角度 50°～60°，相间 120°角排列，每个主枝相距 15～20 厘米。每个主枝两侧排列

3～4 个侧枝。第一侧枝距中心干 30～50 厘米，第二侧枝着生于第一侧枝对侧，距第一侧枝 20～30 厘米，第三侧枝着生于第二侧枝对侧，距第二侧枝 60～70 厘米，第四侧枝着生于第三侧枝对侧，距第三侧枝 15 厘米。第二层两个主枝距第一层主枝 80～100 厘米，两主枝对第一层主枝空处着生，两主枝相距 15 厘米，分枝角度 50°～60°，每个主枝着生 2～3 个侧枝，第一侧枝距中心干 20～30 厘米，第二侧距第一侧枝 30 厘米。第三层主枝 1 个，对第二层主枝空处着生，距第二层 60 厘米，分枝角度 70°～80°（图 5－3）。

图 5－3　主干疏散分层形

2. 开心形

干高 70～80 厘米，其上着生 3～4 个主枝，3 个主枝相间 120°排列，4 个主枝则成十字形排列，主枝分枝角度 50°～60°，每个主枝相距 15～20 厘米。每个主枝两侧排列 3～4 个侧枝。第一侧枝距中心干 30～50 厘米，第二侧枝着生于第一侧枝对侧，距第一侧枝 20～30 厘米，第三侧枝着生于第二侧枝对侧，距第二侧枝 60～70 厘米，第四侧枝着生于第三侧枝对侧，距第三侧枝 15 厘米。该树形多应用于桃、李、杏等果树。

3. 高光效开形

结构与开心形相近，主干高 90～100 厘米，主干上不培养着生永久性大主枝，而是直接培养着生下垂结果枝组。近年来应用于苹果、桃的高光效栽培上（图5-4）。

图5-4　高光效开形

4. 篱壁形

树高1.5~2米，主干（臂蔓）上向两侧分生侧枝（臂蔓）。侧枝（臂蔓）分2~3层，第一层距地面60~70厘米，第二层距第一层60厘米左右，第三层距第二层50厘米。侧生枝（臂蔓）长依株距而定，一般在60~100厘米。上着生结果枝4~5个（图5-5）。

图5-5　篱壁形

5. 自由纺锤形

树高3米，中心干上不着生永久性大主枝，而是在其上螺旋排列着生15~20个结果枝组，每个结果枝组相距20~30厘米。

每个结果枝组分枝角度80°~120°。结果枝组轮流结果更新。该树形是目前苹果、梨等果树密植栽培中广泛应用的丰产树形（图5-6）。

图5-6　自由纺锤形

6. 改良纺锤形

通常由疏层形树形改造而成。该树形树高3米，主干60~70厘米，第一层着生3个永久性大主枝，第一层3个主枝分枝角度80°~90°，相间120°角排列，每个主枝相距15~20厘米。每个主枝两侧排列1~2个侧枝。第一侧枝距中心干30~50厘米，第二侧枝着生于第一侧枝对侧，距第一侧枝15~20厘米。第一层以上中心干不再培养着生永久性大主枝，而直接培养着生结果枝组，其上螺旋排列10~15个单轴延伸的结果枝组，每个结果枝组相距20~25厘米（图5-7）。

二、果树整形修剪

整形修剪，简称修剪，是根据果树的生物学特点，结合果园自然条件和管理特点，将树体建造成一定形状，并根据生长结果的需要，综合运用短截、疏枝、回缩、缓放、曲枝、伤枝及植物生长调节剂等各种技术处理枝条的方法。

图 5－7　改良纺锤形

（一）果树修剪时期

1. 冬季修剪

落叶果树的冬剪时期是果树落叶后，从进入休眠期开始至果树树液流动前这段时间。主要修剪任务是对每棵果树进行全面整形修剪，协调主从关系，即结果主从关系，即结果枝与辅养枝的配比、果枝组的安排、树体上下内外的整体关系。

2. 花前复剪

当春季花芽膨大、用肉眼可以明辨出花芽的外形时，是花前复剪的良好时期。主要修剪任务是进一步调整果枝与营养枝、花芽和叶芽的比例，并可采取适当的疏花蕾措施。

3. 夏季修剪

夏季修剪是在果树发芽后，枝叶生长时期进行的修剪，其措施有摘心、抹芽、除副梢、拧梢、圈枝、环剥、拉枝、缚枝等。其主要任务是削弱枝势与树势，改善通风透光条件，促进花芽形成，并对病虫害采取人工防治措施。

4. 秋季修剪

秋季修剪是在果树采果后、落叶前，为了对全树进行决定性的调整，截锯那些矛盾突出、影响光照的大枝，此时带叶去枝，更容易看出光照的矛盾焦点。其主要任务是去大枝，解决光照，促使花芽充实饱满。但去大枝不宜过多，可分年度去除，并特别注意锯口要用保护剂涂抹，防止病菌侵染蔓延。

（二）冬季修剪方法

1. 短截

剪去枝条一部分称为短截，又称为短剪。枝条经短截后，可刺激生长，抽生较多的枝条。短截的强弱（即长或短）不同，所产生的反应也不同（图5－8）。

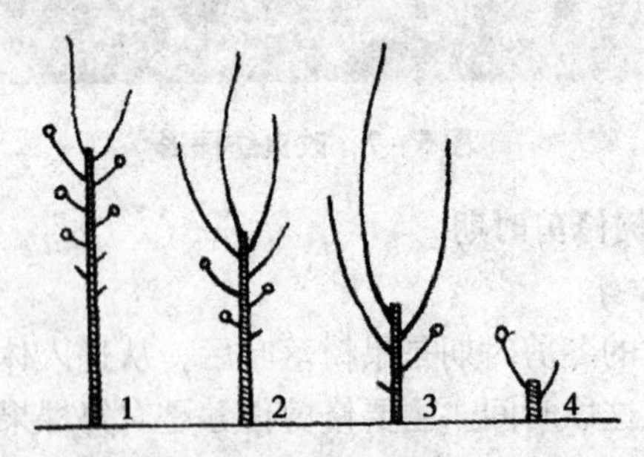

1. 轻短截；2. 中短截；3. 重短截；4. 超重短截

图5－8　不同短截程度

（1）轻短截　只剪除枝条的不充实部分或顶芽，一般只剪除秋梢部分及盲芽，对枝条的刺激不大，抽生的枝条软弱，可缓和树势。

（2）中短截　于饱满芽处剪截，剪后能抽生中、长枝条，保持原有的生长势，适用于延长枝、骨干枝及腋花芽结果枝条的修剪。

（3）重短截　剪去枝条的1/2～2/3，剪后抽生1～2个强枝，一般用以培养结果枝组。

（4）超重短截　仅于枝条基部留1～2个弱芽的剪截，剪后一般只能抽生1个弱枝，也可能抽生1个强枝。可控制和改造直立的旺枝和竞争枝。

2. 疏枝

将枝条从基部剪除称为疏枝，又称为疏剪，如图5－9所示。经过疏枝可改善树体的通风透光条件，增强同化作用，降低养分消耗，促进花芽形成，增强伤口下部枝条的生长能力。一般疏除过密枝、病虫枝、下垂枝、平行枝、轮生枝、把门枝、徒长枝、竞争枝等。

3. 长放

对枝条不进行剪截称为长放。长放可缓和枝条的生长势，对生长势强的树多采用。经长放的枝条，容易形成中、短果枝，桃树的长果枝经长放后，坐果明显增加。长势过旺的树，可连续长放，以形成花芽结果，但第一年长放结果后，第二年应进行回缩修剪。

4. 回缩

对多年生枝进行短截称为回缩。对伸展过长、生长势转弱的多年生枝条，选留其上较强的枝条处剪截，以达到复壮的目的。有的则剪除先端较强部分，起到控上促下的作用。回缩的目的主要是为了恢复和平衡树势。

5. 角度调整

为了缓和树势，调整主枝间的平衡关系，改变主枝的延伸方向，改善通风透光条件等，调整开张角度是行之有效的措施。具体方法如下。

（1）拉枝与撑枝　如枝条的开张角度较小，可用绳拉或树枝及木棒撑开，较大的枝条用绳拉，较小的枝条用修剪下来的树枝撑开。有些树种（如梨树）的枝杈处易裂开，拉枝前可于分叉处打一个“8”字结，然后再拉。

（2）吊枝与支撑　如枝条的角度开张过大，可用此法，对位于树冠中、上部开张的枝条，可用绳吊；对下部开张的大枝可用木棍支撑。

（3）里芽外蹬　即剪口芽朝里，第二个或第三个芽朝外，

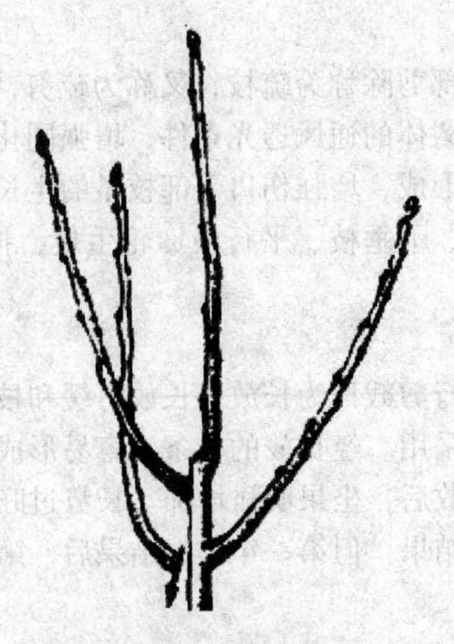

图5-9 枝条的疏枝

第二年将剪口抽生的枝条剪除，则第二芽抽生的枝条角度较大，如角度还不够大，可留第三芽抽生的枝条，以获得较大的开张角度。多用于骨干枝的延长枝的角度开张。

（4）转头换主　原主枝的开张角度不合适，可选其下生长势较强、角度合适的枝或枝组代替，并将选留的上部枝或枝组去除。也可分两年进行，第一年去强枝留弱枝，这样如弱枝上有花芽，还能结果，同时，也不至于过分地削减树势。

（三）生长期修剪方法

在果树整个生长期进行的修剪和对果树施行的一定手术均称为生长期修剪，包括以下一些方法。

1. 花前复剪

花前复剪可弥补冬季修剪的不足，如仁果类果树的花芽与中间芽在冬季常分辨不清，可于春季花芽膨大时再根据花量补剪。其他树种的花芽经核查如过多也应疏减。对花量少的树，可疏除和剪截一部分密集的营养枝。

2. 摘心

摘除枝条顶端的幼嫩部分称为摘心。在生理落果前对苹果果台的副梢摘心可提高坐果率，坐果后摘心可加快果实膨大速度，使其提早成熟和提高品质。葡萄在花序以上留 8～10 叶摘心，可提高坐果率和促进冬芽发育充实。桃树于 5 月对生长枝新梢摘心，可保证二次枝形成花芽（图 5－10）。

图 5－10　摘心

3. 抹芽除梢

抹除刚萌发的芽称为抹芽，或称为除萌。在新梢旺盛生长时，疏除过密的新梢，称为除梢。抹芽除梢可选优去劣，节省养分，改善光照，减少生理落果，并避免造成较大伤口。

4. 刻伤

用快刀横割枝条的皮层，深达木质部，称为刻伤，又称为目伤。生长期在芽或枝的下部刻伤，可增强下部芽及枝的生长势，促进花芽形成和枝条充实并可提高坐果率；如对枝条进行纵割，深达木质部，可使枝条增粗。

5. 扭梢

对生长过旺、直立而不结果的枝条，在其基部扭伤，并置于水平或下垂状态的方法，称为扭梢，又称为拿梢，可促使枝条充实和花芽分化。扭梢较短截和摘心的刺激性小，不致萌发二次枝。一般于5～7月在枝条半木质化时进行。方法是用手握住新梢基部，缓缓扭转180°，使皮层和木质部稍有裂痕，但不能使枝条折断（图5－11）。

图5－11　扭梢

6. 曲枝与圈枝

曲枝就是将直立的枝条弯向水平或下垂方向生长。圈枝是将生长旺盛的长枝弯曲成圆环，或把两个枝相互结成圆环。曲枝和圈枝都能缓和生长势，促进花芽分化，但对枝条向上部分萌发的芽和强枝要去除，使其发生中、短枝。

7. 环状剥皮

在枝干上剥去一圈树皮称为环状剥皮，简称为环剥。环剥的宽度一般为直径的1/10，直立旺盛枝可适当加宽，一般为0.3～1厘米（图5－12）。为了提高坐果率，可于开花末期进行，如桃树为了促进花芽分化，可于5～6月进行。

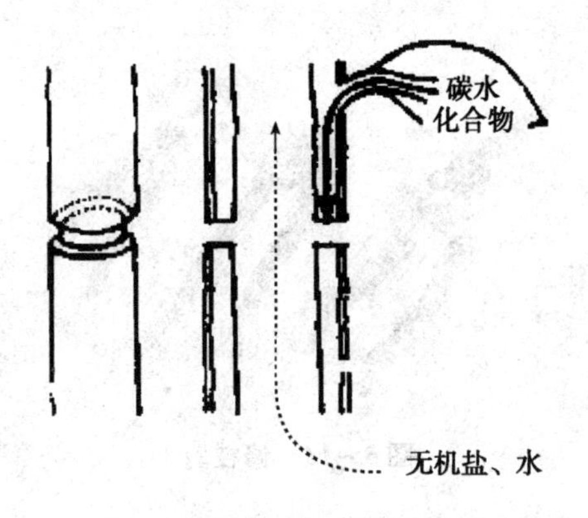

图 5－12　环状剥皮

三、果树修剪工具的使用

（一）修枝剪

修枝剪是用来疏截小枝的（图 5－13）。在进行果树修剪时，要求修枝剪剪刃锋利、灵活轻便、剪簧强度适中。买来的剪刀若没有开刃，使用时要先开刃，将刃面在厚的部分磨平些，只磨斜面和刀刃，不磨刀托和背面。一般要求，每一次使用前都要磨一次，及时调整两个剪面间的螺钉，以免剪口出缝，容易夹皮、滑脱或损伤工作人员的手。在磨剪口时，不宜将剪子拆开来磨，因为拆开磨螺钉经常拧动，易造成剪轴活动，剪口能合口。用完剪刀，在剪面上涂上凡士林等物质，防止剪面生锈。

修剪小枝时，剪口要顺着树枝分叉的方向或侧方，这样不但省力，而且剪口平滑，枝条不易受伤，剪口也容易愈合。剪截较粗的枝条，要一手握剪，另一手将枝条向剪刃切下方向轻扒。修剪时要根据枝条的粗细选用修枝剪或手锯。

大多数果树的一年生枝条的剪口状况对发枝有明显的影响，剪口留桩要适宜。若剪口留桩过高，容易形成死桩，影响剪口下

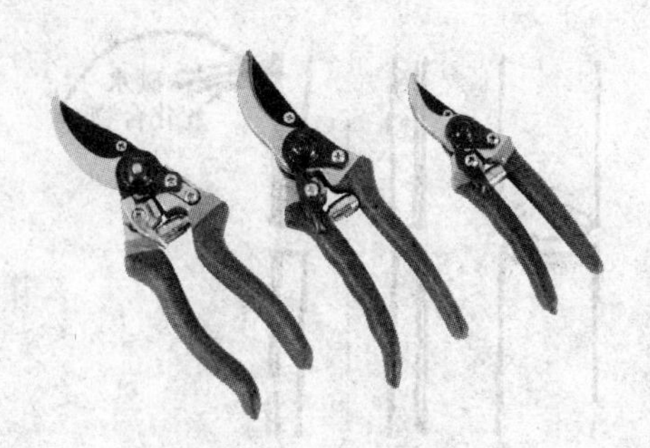

图5-13　修枝剪

第一芽、枝的生长。若留桩过低，剪口过于贴近剪口芽严重影响剪口芽的萌发、抽枝。在进行修剪时，要求从芽的对面下剪，剪口呈30°~40°的倾斜面，斜面上方比芽尖高1~2毫米，斜面下边微高于芽基。这样修剪才能保证伤面小，好愈合，剪口芽生长良好。葡萄结果母枝进行修剪时，要求在节间中部短截。

（二）手锯

手锯是剪除大枝的工具。一般要求手锯的钢质要好，过软的手锯面易弯，过硬的手锯面易断。目前，生产中常用的手锯有两种：一种锯条长约35~40厘米，宽3~4厘米；另一种锯条长约20厘米左右，宽约2.5~3.0厘米。前一种适用于对盛果期或生长健壮树的修剪，后一种适用于对幼树或初果树的修剪。新锯使用一段时间后要用扁锉将锯齿锉锋利，锉后要求锯齿尖要一样高，侧面要一样齐，倾斜度要一致，这样修剪出来的枝条，锯口平整光滑，有利于愈合。手锯使用后要涂上防锈剂保养。

在使用手锯锯除大枝时的锯口对枝条伤口的愈合影响很大。疏枝时伤口面积越小越好。伤口面应该贴近枝条的基部，稍微倾斜，锯口平整光滑才有利于愈合。若锯口过长，容易造成死桩，不易愈合，还会引起大量潜伏芽萌生徒长枝。若锯口面太低，面太大，对树体削弱明显。使用手锯锯除大枝时，应该从枝的下部起锯。若从上部起锯，锯到一定程度会因枝条自身的重量而劈裂树体。一般在使用手锯修剪时，应两个人合作进行。一人锯，另一人扶。若一个人也可分两次锯除，即先锯除上部，然后再锯除剩余部分。如果枝太大，为了防止劈裂，可分多次分段锯除。

（三）果梯

在果树修剪中，经常使用的果梯按高度可以分为高、中、矮3种。高度在2~3米的为高梯，高度在1.5~2.0米的为中梯，高度在1.5米以下的为矮梯。同时，常用的果梯也可按梯腿的多少分为独腿梯、三腿梯和四腿梯。三腿梯，高度一般为2米左右。其优点是：省木料，搬运灵活，山地和平地都适用，在优龄果园中使用较多。三腿梯有活梯和死梯两种，活梯的使用更加方便。四腿梯立地稳，移动方便，可从两面上下，高度也可以进行调节，也有活梯和死梯两种，活梯的使用更加方便。

四、果树修剪技术的综合应用

（一）果树不同年龄时期的修剪

1. 幼树期修剪

从苗木定植到开始结果的一段时间为幼树期，为3~5年。这一阶段是果树骨架及树冠的形成时期。其特点是生长旺盛，树体较小，枝叶较少。因此，应当利用生长旺盛的优势，因势利导，促进营养生长，扩大树冠，以利早结果。

（1）1~3年生长幼树　对于1~3年生的幼树，修剪应以促发为主，定干时应留壮芽。第二年，选留的骨干枝采用中截留壮芽的修剪法促发旺枝。同时注意基角的开张，对其他枝条轻剪或缓放，促使多发中短枝。第三年，除继续培养骨干枝外，对其他枝条宜采用缓（多缓放、少疏枝）、拉（直立枝下拉缓势）、曲（旺枝曲枝缓势）、截（对需要促发旺枝的枝条短截）以及摘心、环剥等综合修剪措施。

（2）4~5年生的树　4~5年生的树枝叶量迅速增加，修剪应以缓为主，适当增加小枝数量，以调节树体内的营养分配，缓和树势，使部分营养枝迅速转化为结果枝，开始少量结果。这一时期主要是利用平斜枝、细弱枝培养结果枝，修剪应采用轻截、缓放。对短枝和腋花芽枝都应缓放。对中枝多采用破顶芽的剪法促发小短枝形成花芽，也可采用“戴帽”剪法。中庸枝、细弱枝一般不截，使树上形成较多的老龄枝（即树龄小、枝龄老），以利早结果。在整形方面，要在继续培养骨干枝的同时，注意骨干枝腰角的开张。

2. 始果期修剪

始果期的树冠已有一定体积，多数一二级骨干枝已初步形成，枝叶量明显增加，4～5年生时，有意培养的结果枝已开始结果并逐步形成种类枝组。修剪应采用截缓结合、以缓为主的方法，控制直立枝，多利用群枝结果。缓枝时应注意“五缓”和“三不缓”，即平、斜、细、弱、腋花芽枝宜缓，竞争枝、直立枝和徒长枝不缓。

3. 初盛果期修剪

初盛果期的树冠进一步扩大，结果逐年增多，为了给初盛果期的生长结果及盛果期的大树丰产打好基础，应着手处理各种已经出现的问题，采用的方法是开、疏、缩、截、入，重点是促内膛，即通过疏枝、回缩、短截、长放和开张角度相结合的修剪方法，解决内膛的光照和通风问题，使树冠进一步开张，加大层间距，保持适当的叶幕距，使树冠内外见光，层层见光。初盛果期的修剪，应在前期整形修剪的基础上，基本完成各级骨干枝（主枝、大侧枝）的选留，对中心干要采用重短截的方法加以控制，为落头开心做好准备，并继续培养前期骨干枝。角度小的换头开张，在注意培养枝组的同时，适当疏除过密的细弱枝组。枝势旺的要缓和枝势，枝势弱的要更新复壮，促发新枝。通过以上的这些方法，调节好生长和结果的关系，为大树丰产打好基础。

4. 盛果期修剪

在盛果期，树形已固定，骨架已形成，结果量逐年增加，营养生长逐年减弱。修剪的任务主要是平衡树势，调节生长与结果的关系，防止出现大小年现象，特别应注意使树冠内保持光照充足，防止结果部位外移，并及时更新枝组，保持枝组健壮，尽量延长盛果期年限。

（1）主枝的修剪　在盛果期，树上的各层主枝应继续保持一定的生长优势。对层间距较小或主侧枝过多、角度较小、影响冠内通风透光的树，需加大上下层主枝角度，控制上层枝背和下层枝背上枝组的数量及其大小。对枝头下垂或衰弱的树，要及时培养和利用上枝、上芽，抬高枝头角度，均衡树势，保持良好的从属关系。对盛果期生长较弱的树，要疏剪弱、密枝，并多用中截，以促进其生长势。随着各级骨干枝的长大，对辅养枝要适当回缩或疏除，或改为枝组。对主枝前端旺长直立的枝条，应当疏剪或短截，以保证内膛枝组的生长势。对延长枝的竞争枝，可在弱芽上重截，或采用疏剪。

（2）结果枝组的更新复壮　对结果枝组要根据其着生部位、树势强弱及全树结果枝和营养枝的多少，采取以短截为主、疏剪为辅、有放有缩、放缩结合的方法调节，使其不断更新复壮。缩剪时要注意：有壮芽当头或后部有预备枝时可进行缩剪，以保持枝组健壮，防止缩剪过重造成橛子枝或缩剪过轻造成光秃；对于长放枝应及时缩剪，以防止后部枝生长衰弱或形成小光秃。只有适时适度更新调节，才能使枝组保持健壮。

5. 衰老期修剪

果树进入衰老期，如果管理跟不上，就会出现新梢生长量大幅度下降，内膛枝组衰弱或枯死，结果部位外移，或树冠不完整，短果枝多，结果少，修剪反应不敏感，伤口不易愈合等衰老现象。对衰老果树的修剪，应注意抬高主枝角度，短截时留壮枝、壮芽当头，以促生分枝，并疏剪累弱过密枝，多利用徒长或直立更新树冠。

（二）几种不正常树的修剪改造

1. 低产旺树的修剪

（1）主枝背上旺长　对于主枝背上旺长，主要应控制直立枝和徒长枝。修剪应以疏枝和缓枝为主，疏除过密枝和长势过强枝。可保留的旺枝采用别枝、拿枝或发芽后修剪等措施，削弱新留枝的长势。

针对骨干枝背冒条的原因，要采取相应的措施。如果是骨干枝开张角度过大、要抬高梢角，修剪时要克服背后枝缩剪过重，两侧背后粗枝过多，并使其适当延长。

（2）直立旺盛不结果树的改造　直立旺树在生产上是比较多的。对于旺树应使旺长限制在局部较小的范围内，使其不致大范围旺长，常采用第一层主枝和中心干互相调节的办法。前期对中心干适当重截打头，刺激旺长，缓和基部 3 大主枝的生长势力，当 3 大主枝具有相当枝量后，再对中心干缓放、控制以致结果。此外，用各种方法把各级骨干枝、大型枝组的开张角度加大，使开张角度达到 50°~60°；各级骨干枝延长枝要长留长放，一般留 40~60 厘米剪截，待树势缓和后看情况短截。

对于开张角度后的直立旺枝，可采取环剥、环状倒贴皮、别枝、压枝、圈枝、折伤以及拿枝等措施。对于过多的辅养枝、外围密枝、直立旺枝和内膛弱枝也要适量疏除。压缩改造背上直立枝组，枝组内修剪应去强留弱，一年生枝缓放，这样一般都能达到结果的目的。施肥、灌水可推迟到枝条旺长后的 6 月进行。

2. 生长衰弱树的修剪

对于这类树除加强肥水管理和植物保护外，在修剪上应去弱枝留强壮枝，去平生枝留直立枝，旺壮枝或徒长枝可短截回缩。短截枝条时用壮枝、壮芽当头，促其萌发强旺新梢，利用徒枝换头或增养新的结果枝组，减少花芽数量。生长 3 年内的骨干枝不留花芽。短果枝群除减少花芽之外，要适当回缩更新，但要注意少在骨干枝上造成伤口，尤其是大伤口。

另外，深耕熟化土壤，增加土壤透气性，扩大根系分布层，调节土壤干湿度，增施肥料，也可提高修剪效果。

3. 老树更新年前

修剪老树应使结果服从更新复壮，要以恢复树势为主，大枝轻回缩，小枝全面更新复壮。利用树冠内萌发的徒长枝中截增加枝叶，培养新的骨干枝和枝组。截大枝，以刺激萌发新梢，形成新的树冠，延长结果年限。大枝应尽量少疏，少造成伤口，以免削弱生长势，缩短寿命。疏除过多花芽，调节好“大小年”。短截枝条，剪口下应留上芽、上枝，拗口高枝条的开张角度，多留背上枝以及向下的饱芽壮枝。此外，应特别加强肥水管理及病虫害防治，使树体迅速健壮扩大。

4. “大小年”树的修剪

盛果期“大小年”树修剪的具体技术如下。

（1）大年树修剪　对于大年树应按比例破花芽，减少花量，使大年结果不致过多，破花芽的枝条一般第二年还能再形成花芽，以使小年结。大年树在开花前应严格疏花，以辅助冬剪时破花芽的不足。大年树的内膛枝应轻剪或不剪，配合土壤管理，促使小年结果。大年修剪还可以去大枝，疏密枝，回缩多年生枝，这样虽然大量减少花芽，但由于大年花芽过多，当年不至于影响产量。

连续缓放多年的单条枝，常形成一串花芽，修剪时可留 1 ~ 2 个花芽回缩，既可保证质量，又有利于枝条复壮更新。衰弱枝组可回缩到后部花芽处。生长势强壮的枝组，可留前截后，前部结果后部形成花芽，修剪时可回缩到后部花芽处，使枝组健壮紧凑，年年结果。

（2）小年树的修剪　对于小年树要多留花，花的果台枝或中、短枝冬剪时均不短截，在花芽萌动时，能确定不是花时，再短截。中、长营养枝和果台营养枝应中短截，以促使小年发枝，冬季轻剪缓放，在大年内形成花芽，在小年时结果。小年修剪结果枝组时，可适量轻回缩，多留花、多短截。对于小年树，除保留顶花芽外，还要充分利用腋花芽，以增加结果量。

对于小年树的重叠枝、交叉枝和过密枝组，要根据着生花芽多少以及对周围枝组的影响程度酌情处理。如花芽少又遮光严重，可轻处理；如花芽多又遮光不严重，可暂不处理待结果后再处理。

大小年树经过修剪，虽然能解决一部分问题，但不能彻底消灭“大小年”现象。必须加强土壤管理，增施磷、钾肥，春灌保墒，改善根系功能和营养水平，促使生长和发育协调。此外，还要做好人工辅助授粉等保花、保果措施，加强病虫害和自然灾害的防治。

5. 放任树的修剪

放任不修剪的树产量低且不稳定，这主要是由于不剪枝，树冠的叶幕层间距小，树冠外围枝条过密，树冠内光照不良，造成内膛空虚，主次不明。

修剪这类树，不要强求树形，首先是开张角度随枝作形，选出几个有前途的枝作为主枝和侧枝，打开层次，把多余的枝条逐年回缩改造或疏除，调整主从关系。这类树常是主枝过多，侧枝远离主干，因此，可适当利用过多的主枝作为侧枝（以主代侧），占据基部侧枝空间。

五、果树的保花保果与疏花疏果

（一）保花保果

各地果园具体情况不同，引起落花落果的原因也多种多样。因此，必须具体分析，针对主要矛盾制定有效措施，提高果树坐果率。其主要途径如下。

1. 加强果园管理

加强果园管理，保证树体正常生长发育，增加果树贮藏养分的积累，改善花器发育状况，这是果树提高坐果率的根本措施。

2. 加强授粉

对异花授粉品种，要合理配置授粉树，在此基础上还可采取以下辅助措施，以加强授粉，提高坐果率。

（1）花期放蜂　果园放蜂可明显提高果树坐果率，一般5～6亩地放一箱蜂即可。在果园放蜂期间切忌喷药；阴雨天放蜂效果不好，应配合人工辅助授粉。

（2）高接花枝　当授粉品种缺乏或不足时，在树冠内高接雄株或授粉品种的带有花芽的多年生枝，以提高果树的授粉率。高接枝在落花后需做疏果工作，否则常因坐果过多，当年花芽形成不好影响来年授粉。

（3）挂罐和振动花枝　在授粉品种缺乏时，也可以在开花初期剪取授粉品种的花枝，插在水罐或瓶中挂在需要授粉的树上，以代替授粉品种。此法简单易行，但需年年进行。为了提高授粉效果，可与挂罐同时进行振动花枝授粉。

3. 人工授粉

在授粉品种缺乏或花期天气不良时，应该进行人工授粉，其常用方法有以下几种。

（1）蕾期授粉　在花前3天，可用花蕾授粉器（授粉器先端特别加细）进行花蕾授粉。将喷嘴插入花瓣缝中喷入少量花粉，花蕾授粉对防治花腐病有效。

（2）花期授粉　可采用如下方法：一是人工点授。将花粉用人工点在柱头上。为了节省花粉用量，可加入填充剂稀释，一般比例为1（花粉并带花药外壳）：4填充剂（滑石粉或淀粉）。二是机械喷粉。喷时加入50～250倍填充剂，用农用喷粉器喷，填充剂易吸水，使花粉破裂，因此，要在4小时内喷完。三是液体授粉。把花粉混入10%的糖液中（如混后立即喷，可减少糖量或不加糖），用喷雾器喷，糖液可防止花粉在溶液中破裂。要在2小时内喷完，喷的时间在主要花朵盛开时为好。四是花期喷水。花期高温（36℃以上）干燥时，则花期短，焦花多，影响坐果。此时可在枣花盛开期（6月上中旬）用喷雾器向枣花上均匀喷清水，可提高坐果率。

4. 应用生长调节剂和微量元素

在生理落果前和采收前是生长素最缺乏的时期，这时在果面和果柄上喷生长调节剂，可防止果柄产生离层，减少落果。常用生长调节剂有萘乙酸、赤霉素和比久等，应用浓度因具体情况而不同。常用的微量元素有硼酸、硫酸锰、硫酸锌、钼酸钠、硼酸钠、硫酸亚铁及高锰酸钾等。施用浓度及次数因时而不同，休眠期用的浓度高，一般为1%～5%；生长季浓度低些，一般为0.1%～0.5%。

5. 其他措施

（1）加强病虫防治，特别是直接危害花器和果实的各种病虫害要及时防治。

（2）套袋可以减轻果实受病虫危害，对果柄短、果形大易受风害而落果的品种有减少落果的效果。

（二）疏花疏果

在花量过大、坐果过多、树体负担过重时，正确运用疏花疏果技术，控制坐果数量，使树体合理负担，是调节大小年和提高品质的重要措施。生产上早已广泛应用。

1. 人工疏花疏果

疏花可以比疏果减少养分消耗，促进枝梢生长，是克服大小年的有效方法。为了增加次年的产量，早疏果很重要。如果疏果延迟到6月落果或其以后，则对花芽孕育的影响很少或者没有。一般主要在第二次落果以后，6月落果以前进行。为了调整果实负载量，可在6月落果以后再进行一次。疏果时，先疏弱枝上的果、病虫果、畸形果，然后按照负载量，疏去过密过多的果。

2. 化学疏花疏果

用化学药剂疏花疏果，这项技术在某些国家已用为果树生产上的一项常规措施，它能大大提高劳动效率。

（1）西维因　原是一种高效低毒杀虫剂，1958 年被认为是一种非常有效的疏果剂，它进入树体后移动性较差，要直接喷到果实和果柄部位。西维因在苹果上应用较多，其他仁果类和核果类应用不多。

（2）石硫合剂　石硫合剂的机制在于阻碍受精，喷于柱头上，有直接抑制花粉发芽和抑制花粉管伸长的作用，从而阻碍受精。石硫合剂喷射时要求药液落于柱头上才有效。现在主要在苹果和桃疏花上应用。苹果以中心花已开过，边花正开时使用为宜，波美度为 0.2 ~ 0.4 度。桃应于盛花期连喷两次。

（3）萘乙酸及萘乙酰胺　萘乙酸在一定浓度范围内，从花瓣脱落期到落花后 2 ~ 3 周施用都有相同效果，但越迟，疏除作用越弱，浓度也要相应增加。如对鸭梨在盛花期用 4 毫克/克有疏除效果。萘乙酰胺是一种比萘乙酸缓和的疏除剂，对萘乙酸易疏除过多的品种应用萘乙酰胺较安全。此外，对叶片易受药害的品种如黄魁等宜用。元帅上使用易产生畸形果。

（4）二硝基化合物（DN 化合物）　二硝基化合物减少坐果的作用是由于烧灼花粉、柱头等花的器官，阻止花粉发芽和花粉管的生长，从而导致落花。使用二磷肥基化合物的浓度，因品种、树势而不同，一般为 800 ~ 2 000毫克/克，如金冠、旭、元帅使用浓度比红玉、赤龙低，弱树比强树浓度要低。由于效果不稳定，在生产上应用不多。

第六章　果树常见病虫害防治

一、果树常见病害识别与防治

（一）仁果类果树病害

1. 梨黑星病

（1）病害症状　又称疮痂病，危害果实、果梗、叶片、叶柄和新梢等部位。初在叶背主、支脉之间呈现淡黄色斑，不久病斑上沿主脉边缘长出黑色的霉。危害严重时，许多病斑互相愈合，整个叶片的背面布满黑色霉层，往往引起早期落叶。果实发病初生淡黄色圆形斑点，逐渐扩大，病部稍凹陷，上长黑霉，后病斑木栓化，坚硬、凹陷并龟裂。幼果因病部生长受阻碍，变成畸形。果实若长期受害，则在果面生大小不等的圆形黑色病疤，病斑硬化，表面粗糙。

（2）防治措施　一是加强果园管理，增施有机肥料。二是药剂防治。应在梨树接近开花前和落花70%左右时各喷1次药，以保护花序、嫩梢和新叶。以后根据降雨情况，每隔15～20天喷药1次，共喷4次。在北方梨区，一般第一次喷药在5月中旬（白梨萼片脱落后，病梢初现期），第二次在6月中旬，第三次在6月末节至7月上旬，第四次在8月上旬；药剂一般用12.5%特普唑或稀唑醇可湿性粉剂2 000～2 500倍液、40%福星8 000倍液，防治效果较好。

2. 梨锈病

（1）病害症状　又称赤星病、羊胡子，主要危害叶片和新梢，严重时也能危害幼果。叶片受害，开始在叶正面形成橙黄色有光泽的小斑点，数目不等，后逐渐扩大为近圆形橙黄色病斑，外围有一层黄绿色的晕圈。幼果受害，初期病斑大体与叶片上的相似，病部稍凹陷，后期在同一部位产生灰黄色毛状物，即锈子器。病果生长停滞，往往畸形早落。叶柄、果梗受害引起落叶、落果。新梢被害后病部以上常枯死，并易在刮风时折断。

（2）防治措施　一是砍除梨园周围5千米内桧柏和龙柏等转主寄主，就能基本保证梨树不发病。如梨园近风景区或绿化区，桧柏不宜砍除时，可喷药保护梨树，或在桧柏上喷药，杀灭冬孢子。桧柏上喷药应在3月上中旬进行，以抑制冬孢子萌发产生担孢子。二是药剂防治。北方梨区生长季节，一般在5月中旬（白梨萼片脱落后，病梢初现期），第二次在6月中旬，第三次在6月末至7月上旬，第四次在8月上旬。15%粉锈宁乳剂2 000倍液，或者选用同梨黑星病使用药剂。每隔10天左右喷1次，连续喷3～4次，雨水多的年份应适当增加喷药次数。

3. 梨黑斑病

（1）病害症状　主要危害果实、叶片和新梢。叶片上病斑圆形，中央灰白色，边缘黑褐色，有时微现轮纹。潮湿时病斑表面生黑霉（病菌的分生孢子梗和分生孢子）。果实上病斑圆形，略凹陷，表面生黑霉。

（2）防治措施　一是加强栽培管理。合理施肥或增施有机肥，增强梨树的抗病力；结地势低洼、排水不良的果园应做好排水工作；对历年发病重、树冠郁闭的果园，冬季宜重剪，可剪除病梢，促进通风透光，摘除病果可减少再侵染，降低病果率；搞好果园卫生。冬季结合修剪剪除病枝，清除果园内落叶、落果并集中烧毁。二是喷药保护。花后4～7天，每隔15～20天喷1次药以保护叶片和果实，药剂可用50～100微克/克多氧霉素，65%代森锌可湿性粉剂500倍，50%多菌灵或福美双可湿性粉剂600～800倍液，或敌菌丹1 000～1 500倍液等。为了防止药液被雨水淋失，可在药剂中加入助杀灵等渗透剂。

4. 梨轮纹病

轮纹病是我国苹果、梨产区一种严重的病害，还可危害山楂、桃、李、杏、栗、枣、海棠等果树。

（1）病害症状　主要危害枝干和果实，叶片受害比较少见。初期以皮孔为中心产生褐色凸起斑点，逐渐扩大形成直径 0.5～3 厘米（多为 1 厘米）、近圆形或不规则形、红褐色至暗褐色的病斑。病斑中心呈瘤状隆起，质地坚硬，多数边缘开裂，成一环状沟。翌年病部周围隆起，病健交界处裂纹加深，病组织翘起如“马鞍”状，病斑表面很多产生黑色小粒点。病组织常可剥离脱落，枝干受害严重时，病斑往往连片，表皮十分粗糙，削弱树势，长久枝干枯死。果实受害，症状主要在近成熟期或贮藏期出现，初期生成水渍状褐色小斑点，近圆形，病斑扩展迅速，逐渐呈淡褐色至红褐色，并有明显同心轮纹，很快全果腐烂，病斑不凹陷，病组织呈软腐状，常发生酸臭气味，并有茶褐色汁液流出，病部表面散生轮状排列的黑色不粒点。病果失水，成为黑色僵果。

（2）防治措施　一是加强果园管理，壮树抗病，合理修剪，调节树体负载量，控制大小年发病；以腐殖酸钙、有机肥、绿肥为主，辅以化学肥料，进行秋施肥；增强树势，提高树体抗病力；搞好果园卫生，减少菌源数量；及时剪除病枝，摘掉病果，修剪下来的病残枝干等集中深埋。二是枝干喷药保护。果实采收后至萌芽前，可用抗菌新星可湿性粉剂 50～100 倍液，10% 保绿水剂 800～100 倍液，枝干轮腐净 500～500 倍液。三是病部治疗。枝发病初期，及时刮除病部，坚持刮早、刮小、刮了的原则，刮毕彻底清除病皮。而后涂以杀菌剂消毒，适用药剂同枝干喷药保护。四是生长季药剂保护及治疗在落花后开始进行。药剂主要有 50% 苯菌灵或保绿素可湿性粉剂 800～1 000倍液，40% 福星乳油 7 000～10 000倍液，50% 多菌灵可湿性粉剂 600 倍液或 90% 疫霜灵可溶性粉剂 600 倍液。

5. 苹果、梨白粉病

白粉病在我国苹果、梨产区均有发生。病害严重时，病叶卷曲，病梢生长停滞、扭曲、枯死，严重影响产量和品质。

（1）病害症状　主要危害叶片和嫩梢，花芽、萼片、花瓣、幼果等亦会受影响。叶片背面产生圆形或不规则形的白粉斑，并逐渐扩大，直至全叶背布满白色粉状物。当气温逐渐下降时，在白粉斑上形成很多黄褐色小粒点，后变为黑色。发病严重时，造成早期落叶。越冬病芽干瘪瘦小，鳞片松散，先端鳞片开裂，发芽较晚，病重芽枯死。花芽受害不能正常开放。萼片、花瓣变小畸形。花瓣窄长，呈黄绿色，生有白粉，以后萎缩，坐不住果。幼果感病多在果顶生有白粉，以后逐渐变成锈斑，病部组织硬化，后期龟裂。

（2）防治措施　一是结合冬季修剪，剪除病枝、病芽，清除病原。早春果树发芽时，及时摘除病芽、病梢。二是一般于花前及花后各喷一次杀菌剂，防治白粉病有效的药剂有12.5%稀唑醇可湿性粉剂800倍液，40%福星7 000～8 000倍液，15%粉锈宁乳剂2 000倍液。

6. 苹果腐烂病

腐烂病是一种毁灭性的病害，发病严重的果园，树体病疤累累，枝干残缺不全，甚至造成死树和毁园。近些年来，随着老树的更新淘汰，病情有所缓解。

（1）病害症状　腐烂病主要危害枝干，有时也会侵害果实。枝干症状致使皮层腐烂坏死，表现型有溃疡型和枝枯型，但多数为溃疡型。果实上的病斑呈圆形或近圆形，暗红褐色，轮纹状，边缘清晰，病部较软，略带酒糟味，呈黄褐色和红褐色深浅交替的轮纹向果心发展。稍后，病斑中部可形成黑色突起的颗粒，以散生、聚生或轮纹状排列。

（2）防治措施　一是结合冬季修剪，剪除病枝、病芽，清除病原。早春果树发芽时，及时摘除病芽、病梢。二是药剂防治，同梨轮纹病。三是枝发病初期，及时刮除病部，坚持刮早、刮小、刮了的原则，刮毕彻底清除病皮，而后涂以杀菌剂消毒，选用药剂同梨轮纹病。

7. 梨干枯病

（1）病害症状　主要危害枝干。初期呈紫褐色至暗褐色病斑，病部迅速扩展，深达木质部，最后受害枝条枯死，表面产生密集的小黑粒点。

（2）防治措施　一是结合冬季修剪，剪除病枝、病芽，清除病原，早春果树发芽时，及时摘除病芽、病梢。二是药剂防治同腐烂病。三是枝发病初期，及时刮除病部，坚持刮早、刮小、刮了的原则，小枝发病及时剪除。

8. 梨褐腐病

（1）病害症状　主要在贮藏期和成熟期危害果实。果实表面呈淡褐色绵状坏死，表面散生灰白色绵球状物，呈轮纹状排列的簇生绵球状物。

（2）防治措施　一是提高树体的抗病能力，注意果园的通风透光和排水，增施腐殖酸钙、有机肥和绿肥，有条件套袋的果园套袋以保护果实。二是果实成熟期喷施保绿（氨基酸络合铜）500倍、70%的甲基托布津700～800倍、50%多菌灵600～800倍。三是果实采收、贮运时应尽量避免造成伤口，减少病菌在贮运期间的侵染；发现病果，及时检出处理。用50%果实保鲜剂100～200倍液浸果，防效较好，可使病菌扩展减慢。

9. 苹果炭疽病

（1）病害症状　主要危害果实。果实染病初期，果面上出现淡褐色小圆斑，以后逐渐扩大，病斑凹陷，边缘清晰，病部产生同心轮纹状排列的黑色小粒点，即分生孢子盘。天气潮湿时，易分泌粉红色黏液，病部呈漏斗状腐烂，可烂到果心。病组织带有苦味，与好果肉极易分离，最后病果腐烂干缩，脱落变为黑色僵果。

（2）防治措施　一是在剪除病枝条、干枯果台和僵果等清除病源的基础上，于萌芽前喷布150倍左右80%五氯酚钠，二硝基邻甲酚钠200倍液或100倍40%福美砷液，以铲除树体上宿存的病菌。二是在炭疽病发病中心选择3～5株前一年发病重的植株，从6月开始，每隔3～5天调查一次果实，如果发现病果，说明已开始发病。将全园普查一遍，若发现别的园也有病果，就需要全园施药进行防治；若别园没有发病，只是发病中心个别植株发病，就将个别植株摘净病果，单独喷药进行封闭，防止向外扩散蔓延，可收到良好效果。全园何时喷药，根据调查测报决定。

（二）核果类病害

1. 桃、杏疮痂病

（1）病害症状　主要危害果实。膨大期果实的肩部出现1～2毫米黄色小点，渐变为黑色圆形的斑，后期生长黑色霉状物并连接成片。表面产生裂缝，成熟果面出现黑色圆斑及木栓化斑。

（2）防治措施　应于果实膨大前、病害初发生时使用烯唑醇、腈菌唑等三唑类药剂进行统治。

2. 桃、李、杏穿孔病

（1）病害症状　主要危害叶片、枝干和果实。叶片发病初期产生水浸状多角形斑点，进一步发展为病斑脱落，形成穿孔；穿孔连成片形成大的缺刻或孔洞。枝干春季初期为长椭圆形，微隆起；夏季呈不规则、干枯、凹陷，后期色泽变深，进一步呈干裂状。桃幼果发生病斑呈水浸状，凹陷；近成熟果发病初期，病斑点状，呈褐色；后期病果开裂。

（2）防治措施　于萌芽期、幼果期、果实膨大期使用新型抗细菌病害的产品效果良好，如VBS、青霉素、新植霉素、水合霉素、农用链霉素等交替使用。

3. 桃炭疽病

桃炭疽病病原可以同时危害苹果、梨等多种作物的果实，引起腐烂，造成严重损失。

（1）病害症状　主要危害叶片和果实。病叶叶缘、尖部出现病斑，褐色不规则。病果上病斑圆形，凹陷表面产生粉红色黏液叶片。

（2）防治措施　一是养根壮树、配方施肥、根系修剪是丰产优质的基础，同时，农事操作时尽量减少枝干伤口，防治枝干害虫，预防冻害和日灼。二是药剂防治同桃、李、杏穿孔病。

4. 桃、李、杏流胶病

（1）病害症状　桃流胶病为综合营养失调的生理性病害，引起细菌侵染，造成树体衰弱，严重的导致死树。主要危害枝干。枝干伤口处流出黄色胶液，晶莹透亮，严重时伤口处胶液成冻状，后期树胶变为红褐色。

（2）防治措施　同桃炭疽病。

5. 桃缩叶病

桃缩叶病的寄主植物有桃、油桃、蟠桃、扁桃、碧桃及李属其他植物。

（1）病害症状　主要危害叶片、新梢、花和幼果。春季（叶片刚开展时即可发病）病叶皱缩扭曲，肉质状肥大，质地嫩脆，浅黄色至红褐色。成熟叶片上出现瘤状突起，红褐色。后期在病叶表面长出一层银白色粉状物，病叶最终变成褐色并转黑色，干枯脱落。新稍受害呈灰绿色，短而粗，扭曲，枝梢上叶片丛生。花和幼果受害变为畸形，易脱落。

（2）防治措施　一是加强桃园管理，清除初侵染来源。养根壮树、配方施肥、根系修剪是丰产优质的基础。二是在发病严重的地块应及时追肥、灌水，增强树势，提高植株的抗病力；在病叶表面尚未形成白色粉状物前及时摘除病叶，以减少传染的菌源；药剂用80%代森锰锌可湿性粉剂500倍液或40%克瘟散乳油1 000倍液交替使用。

6. 桃腐烂病

桃腐烂病为弱寄生菌侵染造成，弱树发病较重，潜伏侵染现象明显，生长季节症状潜隐。

(1) 病害症状　主要危害枝干。枝干发病初期病斑表面散生许多小黑点，后期小黑点溢出橘红色丝状物，严重时会导致树体死亡。

(2) 防治措施　一是加强栽培管理，增施有机肥，培育壮树，提高树体抗病能力。结合冬季修剪，剪除病枝、病芽，清除病原。二是药剂防治同梨轮纹病。三是发病初期，及时刮除病部，坚持刮早、刮小、刮了的原则，刮毕彻底清除病皮。而后涂以杀菌剂消毒，选用药剂同上。

7. 根癌病

(1) 病害症状　又称根瘤病，病株主要症状表现于根部，发生大小不等的癌状物，通常接近球形，小如豌豆或更小，大如拳头。75%的癌病发生于树根部分。初生的癌无色或略带肉色，光滑，质软，渐变为褐色以至深褐色，表面粗糙或凹凸不平。病株表现为矮化或发育不良。此病系一种慢性病。据观察，发病5年以内寄主往往生长很旺，然后受根癌的抑制，最终死亡。因此，发病初期往往被忽略。

(2) 防治措施　应以预防为主、治疗为辅，首先注意检疫，对于有病的苗木绝对禁止出圃和调运，从外地购进的苗木用0.1%升汞水或相对密度为1.036（5波美度）的石硫合剂消毒。已发病的大树可切除癌瘤，然后用石灰乳、波尔多液涂抹伤口，同时还要将癌瘤周围的土壤挖出，换上新土。

(三) 浆果类果树病害

1. 葡萄霜霉病

(1) 病害症状　主要危害部位，叶片，也危害新梢和幼根。早期，叶正面出现不规划水渍状斑块，边缘不清晰，浅绿色至浅黄色。病斑互相融合后，形成多角形大斑，叶背面出现白色霜状霉层。后期，病斑变为黄褐色或褐色干枯，边缘界限明显，病叶常干枯早落。幼嫩新梢、穗轴、叶柄症状初期出现水渍状斑点，逐渐变为黄绿色至褐色微凹陷的病斑，表面生白色霜状霉层，病梢生长停滞、扭曲，严重时枯死。果实多在初期染病，幼果染病后，病部褪色并变成褐色，表面生白色霉层，最后萎缩脱落。较大果粒感病时，呈现红褐色病斑，内部软腐，最后僵化开裂。

（2）防治措施　一是清洁果园，及时收集并销毁带病残体，特别应在晚秋彻底清扫落叶，浇毁或深埋，减少越冬的菌源。二是合理修剪，尽量剪去接近地面的不必要的枝蔓，使植株通风透光良好，降低空气湿度，以减少病菌初侵染的机会。适时灌水，雨季注意排水。增施磷、钾肥，避免偏施氮肥，以提高植株的抗病力。三是在发病重的地区，于葡萄发病前喷布烯酰吗啉，对葡萄霜霉病有特效。此外，可用58%甲霜灵锰锌可湿性粉剂600～800倍液，90%乙膦铝可湿性粉剂600倍液，69%安克锰锌可淡性粉剂1 500倍液。上述药剂交替使用，隔15～20天喷1次，根据发病情况连续喷药2～4次。

2. 葡萄黑痘病

（1）病害症状　主要危害葡萄的绿色细嫩部位，如果实、果梗、叶片、叶柄、新梢和卷须等。叶片开始出现针头大红褐色至黑褐色斑点，周围有黄色晕圈。后期，病斑扩大呈圆形或不规则形，中央灰白色，稍凹陷，边缘暗褐色或紫色，直径1～4毫米，干燥时病斑自中央破裂穿孔，便病斑周缘仍保持紫褐色的晕圈。叶脉上病斑呈梭形，凹陷，为灰色或灰褐色，边缘暗褐色。叶脉被害后，由于组织干枯，常使叶片扭曲、皱缩。穗轴发病使全穗或部分小穗发育不良甚至枯死。果梗患病可使果实干枯脱落或僵化。绿果染病时，初为圆形深褐色小斑点，后扩大，直径可达5～8毫米，中央凹陷，灰白色，外部仍为深褐色，四周缘紫褐色似“鸟眼”状。多个病斑可连接成大斑，后期病斑硬化或龟裂。病果小而酸，失去食用价值。染病较晚的果实仍能长大，病斑凹陷不明显，但果味较酸。病斑限于果皮，不深入果肉。空气潮湿时病斑上出现乳白色的黏质物，此为病菌的分生孢子团。

（2）防治措施　一是选育园艺性状良好而又抗病的品种栽培。二是清洁果园，秋季葡萄落叶后清扫果园，将地面落叶、病穗扫净烧毁。冬季修剪时，仔细剪除病梢，摘除僵果，刮除主蔓上的枯皮，并收集烧毁。然后在植株上全面喷射1次铲除剂，以杀死枝蔓上的越冬病菌。葡萄发芽前喷射的铲除剂，可用0.5%五氯酚钠混合相对密度为1.021（3波美度）的石硫合剂，或10%硫酸亚铁加1%粗硫酸。三是葡萄展叶后至果实着色前，每隔10~15天喷药1次，药剂可用1：0.7：（200~240）波尔多液、65%代森锌可湿性粉剂500~600倍液、50%多菌灵可湿性粉剂1 000倍液或75%百菌清可湿性粉剂600倍液。代森锰锌600倍液、1.5%多抗霉素800倍防治黑痘病效果很好。

3. 葡萄白腐病

（1）病害症状　又称腐烂、水烂、穗烂病，主要危害果穗，也危害新梢、叶片等部位。先发生在接近地面的果穗尖端，首先在小果梗和穗轴上发生浅褐色、水渍状、不规则病斑，逐渐蔓延至整个果粒。果穗成熟前，病果粒略带黄色，外观不饱满，病菌的分生孢子器使寄主表皮层隆起，但不破裂，病果粒苍白色，最终脱落。果粒发病，先在基部变为淡褐色软腐，并迅速使整果变褐腐烂，果面密布白色小粒点，严重发病时常全穗腐烂，果穗及果梗干枯缢缩，受震动时病果甚至病穗极易脱落。有时病果不落，而失水干缩成有棱角的僵果，悬挂树上，长久不落。新梢发病，往往出现在损伤部位（如摘心部位或机械伤口处）。从植株基部发出的徒长枝，因组织细嫩，很易造成伤口，发病率高。病斑呈水渍状，淡褐色，不规则，并具有深褐色边缘的腐烂斑。病斑纵横扩展，以纵向扩展较快，逐渐发展成暗褐色、凹陷、不规则形状的大斑，表面密生灰白色小粒点。病斑环绕枝蔓一周时，其上部枝、叶由绿变黄，逐渐枯死。病斑发展后期，病皮呈丝状纵裂与木质部分离，如乱麻状。

（2）防治措施　一是秋季采后搞好清园工作，彻底清除病原；生长季节及时摘除病果、病叶，剪除病蔓。二是适当提高果穗离地面的距离，以减少病菌侵染的机会。及时摘心、绑蔓、剪副梢，使枝叶间通风透光良好，不利病菌蔓延。增施有机菌肥，搞好果园排水工作。三是应掌握花期前后始发期开始喷第一次药，以后每隔10～15天喷1次。药剂可用80%代森锌可湿性粉剂800～1 000倍液、50%福美双或福美锌可湿性粉剂600～800倍液、70%甲基托布津可湿性粉800倍液、50%多菌灵可湿性粉剂800倍液、75%百菌清可湿性粉剂500～800倍液。喷药时，如逢雨季，可在配制好的药液中加入助杀灵等展着剂，以提高药液黏着性。

4. 葡萄穗轴褐枯病

（1）病害症状　又称穗烂病，主要危害葡萄穗轴，从而导致果粒干缩腐烂。病斑呈水渍状，淡褐色，不规则，并具有深褐色边缘的腐烂斑。病斑扩展较快，病斑环绕穗轴一周时，全穗腐烂，果穗及果梗干枯缢缩。

（2）防治措施　同葡萄白腐病。

5. 葡萄炭疽病

（1）病害症状　主要危害果实，也危害穗轴、叶片、叶柄和新梢。果实大多在着色后接近成熟时开始发病，果面上出现淡褐色至紫褐色、水浸状斑点，圆形或不规则形。病斑逐渐扩大，变为褐色至黑褐色，略凹陷，果肉腐烂。后长出轮纹状同心轮纹排列的黑色小粒点，天气潮湿时，溢出粉红色黏质团。果粒变褐软腐，易脱落。穗轴、叶柄、新梢产生深褐色至黑褐色病斑，椭圆至不规则短条状，凹陷。潮湿时也出现粉红色黏稠状物。叶片受害多在叶缘产生近圆形病斑，形成盘状无性繁殖结构。其他绿色组织如新蔓、嫩叶、卷须等受害，多呈潜伏侵染，不表现病害症状。

（2）防治措施　一是休眠期清园，清除病枯枝和病果穗，及时绑蔓、打副梢和锄草，增进通风透光，降低园中湿度。二是5月下旬至6月下旬喷药预防侵染，每间隔15天喷施1次。使用药剂有75%百菌清可湿性粉剂600～800倍液、50%多菌灵粉800倍液、80%代森锌可湿性粉剂800～1 000倍液、50%福美双或福美锌可湿性粉剂600～800倍液、70%甲基托布津可湿性粉800倍液、比例为1∶0.5∶240的波尔多液等杀菌剂。

6. 葡萄褐斑病

（1）病害症状　主要危害叶片。病斑分为大褐斑（直径3～10毫米）和小褐斑（直径2～3毫米）。病斑褐色不规则形，病斑背面生有黑色霉层。病斑紫褐色，近圆形，严重时病叶变黄，早落。

（2）防治措施　一是清洁果园，同葡萄白腐病。二是自花后开始，每间隔7～10天用药1次，主要药剂有多抗霉素、氨基酸铜、代森锰锌、代森锌等。喷药时，如逢雨季，可在配制好的药液中加入助杀灵等展着剂，以提高药液黏着性。

7. 葡萄水罐子病

（1）病害症状　也称转色病，主要危害果实。一般在果实着色后才表现病害症状。发病后有色品种着色不正常，色泽淡；白色品种表现为果粒水泡状，糖度低，味酸，果肉变软，果皮与果肉极易分离，成为一包酸水。用手轻捏，水滴成串溢出，故有水罐子病之称。发病后，果柄与果粒处易产生离层，极易脱落，病因主要是营养不足和生理失调。

（2）防治措施　一是增施有机肥和根外喷施磷肥及钾肥，适时适量施氮肥，勤除草，勤松土。二是加强夏季修剪。控制负载量，合理控制单株果实负载量，增加叶果比。调节主副梢生长，主梢叶片是一次果所需养分的主要来源，在留第二次果情况下，二次果常与一次果争夺养分，由于养分不足常产生水罐子病。另外，一个果枝上留两个果穗时，下部果穗易发生水罐子病。应采用疏穗的方法，一枝留一穗果可减少该病的发生。

8. 葡萄日灼病

（1）病害症状　主要危害果穗。主要发生在穗肩和果穗向阳面，果实受害时，向阳面形成水浸状烫伤淡褐色斑，微凹陷。受害处易遭受其他病菌（如炭疽病菌等）的浸染。

（2）防治措施　一是加强夏季修剪，夏剪时果穗附近多留叶片以遮盖果穗，在生产上需要疏除老叶的品种，尽量保留遮蔽果穗的叶片。二是加强套袋管理，对易发生日灼的品种，尽早套袋以防日灼，但要注意果袋的透气性，对透气不良的果袋可剪去袋下方一角，促进透气。

二、果树常见虫害识别与防治

（一）仁果类果树虫害

1. 山楂叶螨

（1）形态识别　又名山楂红蜘蛛，雌成螨较大，体椭圆形，背部隆起。刚毛细长，基部无瘤。4 对足，黄白色，比全长短。越冬雌虫鲜红色，有光亮，夏季雌虫深红色，背面两侧有黑色斑纹。雄成螨体长较小，由第 3 对足起向后方逐渐变细，末端尖削。靠近第 2 对足基部的体背有较明显的浅沟。体背两侧有黑绿色斑纹。卵圆球形，淡红色和黄白色。幼螨初孵出时圆形，黄白色，取食后变为卵圆形，淡绿色。

（2）防治措施　一是秋季越冬雌虫出现前，在枝干上绑草把诱杀。冬季刮除枝干翘皮，解下草把一同烧掉。二是根据虫情发生情况，抓住花前、谢花后 1 周左右和麦收前 3 阶段喷药防治。药剂可选用 0.3 ~ 0.5 波美度石硫合剂，20% 速螨酮可湿性粉剂 4 000 ~ 4 500 倍液，15% 哒螨灵乳油 2 000 ~ 2 500 倍液，73% 克螨特乳油或 20% 螨死净乳油 2 000 ~ 3 000倍液，5% 尼索朗乳油 2 000倍液，20% 灭扫利乳油 2 000倍液，10% 天王星乳油

6 000 ~ 8 000 倍液，50% 三环锡保湿性粉剂 3 000 ~ 4 000 倍液。喷药要求雾细，喷树冠内膛和叶背。

2. 苹果全爪螨

苹果全爪螨又名苹果红蜘蛛、短腿红蜘蛛。主要危害苹果树，其次是海棠、梨、桃、李、杏、樱桃等树种。

（1）形态识别 雌成螨体呈半卵圆形，深红色，取食后变成暗红色，整个体背隆起，刚毛粗长，基部有黄白色瘤。卵圆形稍扁，顶部有一短柄，夏卵橘红色，冬卵深红色。

（2）防治措施 一是对越冬卵多的果园，发芽前喷 5% 重柴油乳剂。配方为 1 千克重柴油和 0.5 千克亚硫酸纸浆废液，分别放在两个铁桶中隔水加热至溶化，然后将重柴油轻轻倒入纸浆废液中，随倒随搅拌，直至呈稀糊状为止，即为原液。使用时，先倒入少量温水，随倒随搅，直至加温水量至 18.5 千克，即配成 5% 的重柴油乳剂。二是如果虫口密度较大，要抓住花前、花后和麦收前 3 阶段喷药防治，药剂同防治山楂叶螨。三是危害严重的果园，于秋季产卵前消灭产越冬卵的成螨，可大大减少越冬卵量，为来年防治打下基础。

3. 二斑叶螨

二斑叶螨又名二点叶螨，俗称白蜘蛛，属蜱螨目叶螨科，是近几年来新发现的苹果重要害虫。二斑叶螨除危害苹果外，还危害梨、桃、杏、山楂、葡萄和草莓等多种果树。

（1）形态识别 雌成虫身体卵圆形，除越冬代滞育个体为橙红色外，均呈乳黄色或黄绿色。越冬代虫体当解除滞育后，体色随即变为夏型。该螨体躯两侧各有一块黑斑，其外侧 3 裂，内侧接近体躯中部呈横“山”字形。雄成虫身体略小，体末端尖削，体色与雌虫相同。幼螨和若螨身体均呈乳黄色或黄绿色。卵圆球形，初产时乳白色，近孵化时为乳黄色，多产在叶背面叶脉两侧。

（2）防治措施 一是人工防治，消灭越冬雌虫，于二斑叶螨越冬前，在果树根颈处覆划诱集越冬雌虫，待出蛰前收集覆草烧毁。二是4月上旬前，对树下地面和树干、主枝喷布15%哒螨灵2 000～2 500倍液，内加300倍机油乳剂。同时，立即将果园杂草铲除干净，以消灭其上的虫卵。生长季喷布三唑锡1 200～1 500倍液，可混用500倍机油乳剂；发生二斑叶螨的园片，不间作。

4. 桃小食心虫

桃小食心虫简称桃小，又称桃蛀果蛾，是苹果产区的重要害虫。

（1）形态识别　成虫体长5～8毫米，翅展13～18毫米。复眼红褐色，前翅灰白色，近前缘中央有一个黑蓝色近三角形的大斑，斑上带有蓝色闪光，后翅灰色。卵近圆筒形，初产时淡红黄色，后变鲜红色或橘黄色。卵的顶部环生2～3圈“Y”状刺。幼虫体长13～16毫米，肥胖，纺锤形，头褐色，前胸背板深褐色，身体桃红色。蛹长6.5～8.6毫米，黄白色，近羽化时灰黑色，复眼红色。

（2）防治措施　一是做好幼虫出土测报、成虫羽化测报。二是地面施药杀虫，老熟幼虫脱果期，地面施药，减少越冬基数。常用药物有：5%辛硫磷颗粒剂，每亩5～7.5千克；或50%辛硫磷乳剂0.5千克与60千克细沙土混合撒施；每亩50%辛硫磷乳剂0.5千克加水100千克喷于树下。施药前应清除地面杂草、石块，增加防治效果。三是树上喷药杀卵。根据测报，当卵果率达到1%时就要喷药杀卵，主要药物有：50%水胺硫磷乳剂1 000～1 500倍液，50%杀螟松乳剂1 000～1 500倍液；50%二嗪农乳油1 000倍液；50%1605乳油1 000～1 500倍液；30%桃小灵乳油1 500～2 000倍液；2.5%天王星乳油2 000～2 500倍液或105天王星乳油6 000～8 000倍液；20%速灭杀丁乳油3 000倍液；2.5%敌杀死乳油3 000倍液等。四是有条件的果园可实行人工套袋。五是在树干周围距干1米范围内培土，厚度15厘米左右，阻止幼虫出土；或树冠下覆盖地膜，阻止成虫羽化上树；及时摘拾虫果，进行妥善处理。

5. 苹果小卷叶蛾

苹果小卷叶蛾又称远东卷叶蛾，俗称“舐皮虫”，属鳞翅目卷叶蛾科。寄主很多，除危害苹果外，还危害梨、山楂、桃、李、杏及榆、杨、槐等树木，是卷叶虫中分布、数量大、危害重的害虫。

（1）形态识别　成虫体长6.5～8.5毫米，全体黄褐色，前翅自前缘到后缘有两条深褐色斜纹，两前翅闭合时斜纹呈“V”形。卵椭圆形，淡黄色，后变黑褐色，每卵块有10粒至百余粒，呈鱼鳞状排列。幼虫体长1～18毫米，体态细长，初为淡绿色，老熟时变为翠绿色。头较小，淡黄色，极活泼，触之能进能退，放生后中活蹦乱跳。蛹长7～10毫米，黄褐色。

（2）防治措施　一是人工防治：秋季在树干上绑草把，诱集越冬幼虫；冬季或早春刮除枝干老翘皮，用钢丝刷刷净主干和各级骨干枝上的粗皮裂缝，消灭越冬幼虫。封闭树体伤口，在4月上中旬幼虫出蛰前，用50%敌敌畏或90%晶体敌百虫200倍液，涂抹剪口、锯口、伤疤等越冬场所，堵杀越冬幼虫。5月苹果谢花后，人工摘除虫包，消灭幼虫和蛹。成虫羽化期，利用黑光灯和挂糖醋罐诱杀成虫，糖醋液配制比例为红糖：食醋：水＝1：（2～4）：16，另加入少量白酒效果更好。二是生物防治：除注意保护和利用自然天敌外，在成虫发生期，果园可释放赤眼蜂，相隔4～5天放蜂1次，每次放蜂5万～6万头，连放4次。三是喷药防治：于4月中下旬越冬幼虫出蛰盛期前和谢花后越冬幼虫化蛹前，各喷一次50%的1605乳剂1 200～1 500倍液加80%敌敌畏乳油2 000～3 000倍液，或40%丙溴磷乳剂1 500倍液，可获得良好的防治效果。6月底至7月初第一代幼虫孵化达50%，尚未卷叶前，喷50%辛硫磷乳剂1 000～1 500倍液加80%敌敌畏乳油2 500倍液或巴丹可湿性粉剂1 000倍液，杀灭卵和幼虫。

6. 顶梢卷叶蛾

顶梢卷叶蛾又名顶芽卷叶蛾，属鳞翅目，主要危害苹果、梨、海棠、桃等树种，是苹果苗木和幼树的主要害虫。

（1）形态识别　成虫是似麦粒大小的暗灰色蛾。幼虫体长8~9毫米，体态肥胖，灰白色，头、前胸背板、胸足都是漆黑色。蛹纺锤形，黄褐色，蛹外包有黄白色绒毛状茧。

（2）防治措施　此虫用人工防治即可控制危害。结合冬季修剪，剪掉所有虫梢即可消灭。虫灾重的苗圃、果园，于次年春季萌芽时再仔细剪除一遍虫梢，即可基本控制危害。在果园管理中，随时发现随时摘除虫包带出果园烧毁，一般不需采用化学农药专门防治。

7. 苹果瘤蚜

苹果瘤蚜又名卷叶蚜虫，属同翅目蚜虫科，主要危害苹果、沙果、海棠、山楂等树种。

（1）形态识别　无翅胎生雌蚜体长1.4~1.6毫米，长纺锤形，体色绿或红褐色。身体短、大，头、胸紫黑色，腹部绿色，复眼暗红色，具有明显的额瘤。有翅胎生雌蚜体长1.3~1.5毫米，头、胸黑色腹部淡绿色，头部具有明显额瘤。卵长椭圆形，初为绿色，后变黑绿色。

（2）防治措施　一是冬剪时剪除被害枝梢，消灭越冬卵。二是药剂防治。苹果瘤蚜危害对品种有较强的选择性，冬前将受害植株做好标记，次年苹果树发芽前，喷5%的重柴油乳剂杀灭越冬卵，或苹果萌芽且越冬卵开始孵化，但尚未卷叶时喷药防治为关键。如果此时防治不彻底，于开花前再喷一次即可控制危害。药剂可用30%桃小灵乳油2 500倍液，50%抗蚜威（辟蚜雾）超微可湿性粉剂2 000倍液，或40%氧化乐果乳剂1 000~1 500倍液，或50%1605乳剂1 500倍液内加0.15%洗衣粉，或50%灭蚜松（灭蚜灵）乳油1 000~1 500倍液，或2.5%功夫乳油3 000倍液。

8. 苹果黄蚜

苹果黄蚜又称苹果蚜虫、苹果腻虫，属同翅目蚜虫科，发生普遍，主要危害苹果、梨、桃、李、杏、沙果、海棠、樱桃、山楂等树种，是苹果苗木和幼树的重要害虫。

（1）形态识别　无翅胎生雌蚜体长1.4～1.8毫米，黄绿色，复眼、蜜管均为黑色。有翅胎生雌蚜体略小，黄绿或绿色，头、胸、蜜管和尾片都是黑色。腹部两侧有黑斑，翅透明。卵椭圆形，漆黑色。若虫体鲜黄，触角、复眼、足均为黑色，蜜管很短。

（2）防治措施　一是苹果黄蚜天敌很多，要注意保护利用。二是在幼树和苗木上必须及时防治。防治时可选用的农药有24%万灵水剂1 000倍液、90%万灵可湿性粉剂4 000倍液、20%灭多威乳剂1 000倍液、35%硕丹乳剂2 000倍液、20%杀灭菊酯3 000～5 000倍液、40%氧化乐果1 000～1 500倍液、40%水胺硫磷1 000～1 500倍液、2.5%溴氰菊酯3 000～4 000倍液。三是于5月上旬蚜虫发生初期，在主干上把粗皮刮除约6厘米宽的涂环带，将已配好的氧化乐果药液用吸水纸吸附，绑于涂环带上，外面包一层塑料膜防干。

9. 苹果绵蚜

苹果绵蚜又称血色蚜虫，简称绵蚜，属同翅目绵蚜科，主要危害苹果，是国内外检疫对象之一。

（1）形态识别　有翅胎生雌蚜体长1.7～2.0毫米，身体暗褐色，头及胸部黑色，体微被白色绵状物，翅透明。无翅胎生雌蚜体长1.8～2.2毫米，近椭圆形，赤褐色，被有白色蜡质绵状物。有性雌蚜体长约1毫米，淡黄褐色，腹部赤褐色，稍被绵毛。有性雄蚜体长约0.7毫米，黄绿色。卵椭圆形，长约0.5毫米，初产时橙黄色，后变为褐色，表面光滑，外覆白粉。若虫身体略呈圆筒形，褐色，喙细长，向后延伸，体被有白色绵状物。

（2）防治措施　一是彻底刮除树皮，清理伤口，剪除病虫害枝条；用40%氧化乐果200倍液涂刷伤口，消灭越冬若虫；对根部绵蚜先扒土露根，再喷洒氧化乐果1 000倍液。二是发芽前喷5%重柴油乳剂，药剂配制同苹果全爪螨；生长季防治可喷洒35%硕丹乳油2 000倍液或40%氧化乐果乳油1 000～1 500倍液；也可用氧化乐果或信效磷进行涂环。三是严格检疫制度，杜绝疫区苗木和接穗未经消毒处理到处传播。

10. 苹果根绵蚜

苹果根绵蚜又称山楂卷叶绵蚜，属同翅目绵蚜科，除危害苹果外，也危害山楂和梨。

（1）形态识别　越冬卵孵化的无翅胎生雌蚜体长1.4～2.2毫米，体呈纺锤形，头小、胸部稍宽，腹部肥大。深灰绿色，上覆白色绵毛。根部无翅胎生雌蚜体长1.4～1.6毫米，纺锤形，腹部肥大，身体灰白色，被有白色蜡质长毛。有翅胎生蚜体长1.3～1.5毫米，翅展4毫米左右，长椭圆形，头部灰黑色，胸部黑褐色，腹部灰黄绿色，后变灰黄褐色，覆有白色蜡粉，翅白色，半透明。有性雌蚜体长0.6～0.76毫米，长椭圆形，淡黄褐色，身体微覆白色蜡粉，腹部长大，腹内有一个长形卵隐约可见。卵长圆形，呈黄褐色，有光泽，外部附有白色绵毛。若虫长圆形，绿白色，体后部有白色绵毛。

（2）防治措施　一是利用其假死性，组织人力于清晨或傍晚摇树振虫，树下用塑料布张接，集中消灭。二是苹果花前在树冠下施药毒杀，可选用5%辛硫磷颗粒剂，每亩3千克撒施，或50%辛硫磷乳油，每亩0.3～0.4千克加细土30～40千克搅拌均匀成毒土撒施。苹果蕾期可喷布50%的1605乳剂2 000倍液，或50%马拉硫磷乳剂1 000～2 000倍液，或75%辛硫磷乳剂1 000～2 000倍液，或20%杀灭菊酯乳油3 000倍液都有很好的效果。

11. 苹毛金龟子

苹毛金龟子属鞘翅目金龟子科，分布很广，食性较杂，除危害苹果外，也危害梨、桃、板栗、核桃和榆、杨、柳等林木。

（1）形态识别　成虫体长 10 毫米、宽 5 毫米左右，身体除鞘翅和小盾片无毛外，都密被黄白色细茸毛。雄虫茸毛长而多。头、胸背面紫铜色，鞘翅茶褐色，半透明，有光泽。鞘翅上有纵列成行的细小点刻。腹部两侧生有明显的黄白色毛丛，腹部末端露在鞘翅外。

（2）防治措施　一是人工防治、药剂防治同苹果根绵蚜。二是果园周围有榆、杨、柳林木，也要结合一起防治。虫源地区，用药进行土壤处理，消灭蛴螬。

12. 黑绒金龟子

黑绒金龟子又称东方金龟子或天鹅绒金龟子，俗名“黑老婆”，属鞘翅目金龟子科，发生普遍，分布较广，食性复杂，除危害苹果外还危害梨、桃、李、葡萄、枣等多种果树和杨、柳、榆等林木，是早春果园重要的防治害虫之一。

（1）形态识别　成虫体长 8 ~ 9 毫米，卵圆形，全身黑色，有天鹅绒状毛及光泽。触角小，赤褐色，共 10 节。前胸背板和鞘翅上密布许多点刻。足黑色，腹部最后一对气门露在鞘翅外。

（2）防治措施　防治方法同苹毛金龟子。

（二）核果类果树虫害

1. 桃蚜虫

（1）形态特征　主要有桃赤蚜、桃粉蚜（又名桃粉绿蚜）和桃瘤蚜（俗称蜜虫）。无翅孤雌蚜体长约 2. 6 毫米，宽 1. 1 毫米，体色有黄绿色，洋红色。腹管长筒形，是尾片的 2. 37 倍，尾片黑褐色；尾片两侧各有 3 根长毛。有翅孤雌蚜体长 2 毫米，腹部有黑褐色斑纹，翅无色透明，翅痣灰黄或青黄色。有翅雄蚜体长 1. 3 ~ 1. 9 毫米，体色深绿、灰黄、暗红或红褐。头胸部黑色。卵椭圆形，长 0. 5 ~ 0. 7 毫米，初为橙黄色，后变成漆黑色而有光泽。

（2）防治措施　一是结合防治其他病虫害，人工刮除粗糙的树皮，严格清扫果园，将枯枝、落叶集中烧毁或深埋，以消灭越冬虫卵。二是萌芽前喷施3～5波美度的石硫合剂，可同时防治多种病虫害。在越冬卵孵化盛期后及时喷施以下几种药剂之一：10%吡虫啉可湿性粉剂1 500倍液、20%灭扫利乳油1 500～2 000倍液、25%功夫乳油3 000倍液，用药时加0.1%～0.2%洗衣粉，可提高杀虫效果。生长季节花前1周左右（铃铛花时）喷克菌丹1 000倍液加灭扫利2 000倍液或一遍净2 000倍液；花后1周可用百菌清1 000倍液或甲基托布津1 000倍液加齐螨素4 000倍液全园喷施；定果后间隔2～3周可交替喷施50%多菌灵500倍液、70%甲基托布津1 000倍液、72%克菌丹1 000倍液。

2. 苹小卷叶蛾

（1）形态特征　成虫体长6～8毫米。体黄褐色。前翅的前缘向后缘和外缘角有两条浓褐色斜纹，其中一条自前缘向后缘达到翅中央部分时明显加宽。前翅后缘肩角处，及前缘近顶角处各有一小的褐色纹。卵扁平椭圆形，淡黄色半透明，数十粒排成鱼鳞状卵块。幼虫身体细长，头较小呈淡黄色。小幼虫黄绿色，大幼虫翠绿色。蛹黄褐色，腹部背面每节有刺突两排，下面一排小而密，尾端有8根钩状刺毛。

（2）防治措施　防治措施同桃蚜虫的防治。

3. 桑白蚧

（1）形态特征　又名桑盾介壳虫和桃白介壳虫，成虫雌体无翅，梨形，长约1.3毫米。体扁平，淡黄色，头胸分节不明显，足退化，上盖介壳。介壳笠帽形，直径1.7～2.8毫米，白色或灰白色，中央有一橙黄点，是若虫脱下的皮而形成的壳点。雄虫橙黄或橘红色，长0.65毫米。前翅膜质白色透明，超体长，后翅退化成“人”形平衡棒。胸部发达，口器退化。雄性介壳长椭圆形，白色海绵状，背面有3条隆起线，前端有橙黄色壳点。卵椭圆形，白色或淡红色。若虫椭圆形，1龄若虫足3对，腹部有2根较长刚毛。2龄若虫的足、触角及刚毛均退化消失。

2 龄若虫均为雌性。蛹长椭圆形，橙黄色。

（2）防治措施　早春萌芽前喷洒 1～2 次相对密度为 5 波美度的石硫合剂或 100 倍机油乳剂，消灭越冬雌成虫。虫体密集成片时，喷药前可用硬毛刷刷除再行喷药，以利药液渗透。

4. 桃红颈天牛

（1）形态特征　俗称锯树郎、红脖子老牛，成虫体长 28～37 毫米，宽 8～10 毫米。体较大，黑色，有光泽。前胸背板棕红色，前、后缘黑蓝色。卵椭圆形，长约 6～7 毫米，乳白色或淡绿色。幼虫老熟幼虫体长 42～50 毫米，黄白色。蛹长 26～36 毫米。淡黄白色，羽化前变为黑色。前胸两侧和前缘中央各有 1 个突起。

（2）防治措施　早春时根据枝上及地面蛀屑和虫粪找出被害部位后，用铁丝将幼虫刺杀。

（三）浆果类果树虫害

1. 葡萄透翅蛾

葡萄透翅蛾又称葡萄透羽蛾，属鳞翅目透羽蛾科。

（1）形态特征　成虫体长 18～20 毫米，翅展 30～36 毫米，形似黄蜂。体蓝黑色；头顶、颈部、后胸两侧以及腹部各环节联络处为橙黄色；前翅红褐色，后翅半透明，腹部有 3 条黄色横不定期，以第四节中央的一条最宽。幼虫末龄体长约 38 毫米，头部红褐色，口器黑色，胴部淡黄色，老熟时则带紫红色，全体疏生细毛。

（2）防治措施　一是冬季修剪时，将被害枝条剪掉烧毁，消灭越冬虫源；6～7 月间经常检查嫩枝，发现被害枝及时剪掉。二是在粗枝上发现虫害时，可从蛀孔灌入 50% 敌敌畏 500～800 倍液，然后用黏土封住蛀孔或用蘸敌敌畏的基质球将蛀孔堵死，以薰杀幼虫。

2. 葡萄粉蚧

（1）形态特征　雌成虫体长 4.5～4.8 毫米，宽 1.5～2.8 毫米，椭圆形，淡紫色，身被白色蜡粉，体缘有17对蜡毛，以腹部末端的1对最长。雄成虫体长1～1.2毫米，灰黄色，翅透明，在阳光下有紫色光泽，腹部末端有1对较长的针状刚毛，约为虫体的1/3。卵为淡黄色，椭圆形，大小为0.32毫米×0.17毫米。

（2）防治措施　一是根据以上两种粉蚧以卵和若虫形式在老蔓翘皮下和近地面的细根上越冬的特点，可进行刮老皮，消灭越冬卵和越冬若虫。二是抓住粉蚧在地上部危害的时期，喷布40%乐果、50%的马拉松和敌敌畏1 000～1 500倍液，防治效果良好；若在药液中加入黏着剂，能提高药效。

3. 葡萄根瘤蚜

葡萄根瘤蚜是国内外检疫对象。葡萄根瘤蚜分根瘤型和叶瘿型。在某些美洲种葡萄上两种类型都能发生。

（1）形态特征　根瘤型蚜成虫体长1.2～1.5毫米，长卵形。鲜黄色至黄褐色，有时稍带绿色，腹面较平，体背有许多瘤状突起，各突起有1～2条刚毛，叶瘿型蚜成虫体近圆形，体长约1毫米，黄色，体背高度隆起，各体节背面无小瘤，表面可见微细颗粒状突起。

（2）防治措施　一是加强检疫，不从有虫地区引进苗木；施行沙地育苗，生产无根瘤蚜苗木。二是对被根瘤蚜危害的植株，应刨除更新，刨后用1.5%乐果粉每株撒0.75～1千克处理土壤。也可用50%抗蚜威2 000倍液于5月上中旬灌根，每株10～15千克。

4. 桃蛀螟

（1）形态特征　成虫为飞蛾，体橙黄色，体长9～14毫米。翅及胸、腹部有黑色花斑，其中，腹部第一节至第五节背面各有两个横列的黑斑，第六腹节只有一个黑斑；老熟幼虫体长20～27毫米，头部暗褐色，胴部及背面暗红色，腹面多为淡绿色。卵椭圆形，初为乳白色，后变为红褐色。蛹长椭圆形，黄褐色。

（2）防治措施　一是秋季采果前于树干绑草，诱集越冬幼虫，早春集中烧毁。应于5月上旬前处理完或进行曝晒和碾压，以减少虫源。随时拾净和摘除虫果，集中沤肥。同时，注意对果园周围的其他寄主进行全面防治。二是幼虫孵化初期为防治有利时机，可喷布50%杀螟松1 000～1 500倍液，或喷20%米满1 000～1 500倍液等杀虫剂，1周后再喷1次，可取得良好的防治效果。

5. 葡萄白粉虱

（1）形态特征　成虫体长1.3毫米，全体粉白色，翅不透明。卵呈长椭圆形，淡黄色，有短柄附着在叶片上。若虫椭圆形，淡黄色，半透明，背部稍隆起，体周缘有刺毛，蛹椭圆形、漆黑色，长约1.5毫米，宽约1.0毫米。体缘有短而密且等长的白色蜡毛，体背有规则的皱纹。“⊥”形羽化裂纹清楚。

（2）防治措施　一是人工防治，因该虫是随落叶越冬的，所以应从彻底清除田间落叶着手。清除出的落叶要烧毁，以消灭越冬虫源。二是因成、若虫的体表有蜡粉，施药不易黏着，因此，应喷内吸剂或油乳剂，如20%地亚农或40%乐果1 000倍液，或50%马拉松1 000倍液。

6. 葡萄缺节瘿螨

葡萄缺节瘿螨又称葡萄锈壁虱、葡萄毛毡病，属蛛形纲螨目瘿螨科。

（1）形态特征　成螨体长0.15～0.20毫米，宽0.05毫米，雄虫比雌虫略小。淡黄白色或淡灰色，近长圆锥形，腹末渐细。喙向下弯曲，头胸背板呈三角形，有不规则的纵条纹，痛瘤紧位于背板后缘，背毛伸向前方或斜向中央。具2对足，爪呈羽状，具5个侧枝。腹部具74～76个暗色环纹，体腹面的侧毛和3对腹毛分别位于第9、第26、第43和倒数第5环纹处，尾端无覆毛，有1对长尾毛。生殖器位于后半体的交端，其生殖盖有许多纵助，排成二横排。卵球形，直径约30微米，淡黄色。若螨共2龄，淡黄白色。

（2）防治措施　一是人工防治。苗木和插条应处理杀虫后再行栽植，可用热水处理或辛硫磷液处理，参看葡萄根瘤蚜的防治。冬季清园，将修剪下的枝条、落叶、翘皮等收集携出园外并加以处理。害虫数量少时，尽早摘除被害叶片烧毁，阻止继续蔓延。二是药剂防治。应在春季大部分葡萄芽已萌动，芽长在 1 厘米以下时进行，可喷密度 1.007 ~ 1.011 千克/升石硫合剂，中午气温达 30℃以上时，宜喷密度 1.007 ~ 1.021 千克/升，对龙眼、无核黑等易受药害的品种，可喷密度 1.003 ~ 1.005 千克/升。此次药基本可控制危害，并可兼治病害。

第七章　果实采收与果品贮藏

一、果实成熟与采收

（一）果实采收时期

1. 成熟度的划分

根据不同的用途，果实成熟度一般可分为3种。

（1）可采成熟度　果实大小已定型，果实应有风味和香气还没有充分表现出来，肉质硬，适于贮运和制罐、蜜加工。

（2）食用成熟度　果实已经成熟，并表现出应有的风味和香气，内部化学成分和营养物质已达到该品种的相对固定值，风味最好，在此成熟期采收的果实适合在当地销售，不易长途运输或长期贮藏。适用于制作果汁、果酱、果酒。

（3）生理成熟度　果实在生理上已经达到充分成熟阶段，果实肉质疏松，种子充分成熟。果实内化合物的水解作用加强，风味变淡，营养价值降低，不宜食用，更不耐贮运，多做采种用。

2. 成熟度的判定

果实成熟度的判断要根据种类和品种特性及其生长发育规律，从果实的形态和生理指标上加以区分。判断果实成熟度的方法主要有以下几种。

（1）果梗脱离的难易度　有些果实，在成熟时果柄与果枝间常产生离层，稍一振动就可脱落，此类果实离层形成时为采收的适宜时期，如不及时采收就会造成大量落果。如苹果和梨就属此类。

（2）表面色泽的变化　未成熟的果实的果皮中有大量的叶绿素，随着果实成熟度的增高，叶绿素逐渐分解，底色便呈现出来（如类胡萝卜素、花青素等）。如苹果、梨、葡萄、桃在成熟时呈现出黄色或红色。

（3）主要化学物质含量的变化　可溶性固形物含量可以作为衡量果实品质和成熟度的标志。总含糖量与总酸含量的比值称“糖酸比”，可溶性固形物与总酸的比值称为“固酸比”，它们不仅可以衡量果实的风味，也可以用来判断其成熟度。苹果糖酸比为 30∶1 时采收，风味浓郁。

苹果也可以利用淀粉含量的变化来判断成熟度。果实成熟前，淀粉含量随果实的增大逐渐增加。到果实开始成熟时，淀粉逐渐转化为糖，含量降低。测定淀粉含量的方法可以用碘—碘化钾水溶液涂在果实的横切面上，使淀粉成蓝色，根据颜色的深浅判断果实成熟度，颜色深说明产品含淀粉多，成熟度低。当淀粉含量降到一定程度时，便是该品种比较适宜的采收期。

（4）质地和硬度　一般未成熟的果实硬度较大，达到一定成熟度后才变得柔软多汁，只有掌握适当的硬度，在最佳时间采收，产品才能够耐贮藏和运输，如苹果、梨等要求在果实有一定硬度时采收。辽宁省的国光苹果采收时，硬度一般为 8.6 千克/平方厘米；山东省烟台的青香蕉苹果采收时，一般为 12.6 千克/平方厘米左右。此外，桃、梨、杏的成熟度与硬度关系也十分密切。

（5）果实形态　在某些情况下，果实形状可用来确定成熟度。如香蕉未成熟时，果实的横切面呈多角形，充分成熟时，果实饱满、浑圆，横切面为圆形。

（6）生长期和成熟特征　果实的生长期也是采收的重要参数之一。不同品种的果实由开花到成熟有一定的生长期和成熟特征，如山东省济南金帅苹果生长期为 145 天，红星苹果约 147 天，国光苹果为 160 天，青香蕉苹果 156 天；四川省青苹果的生长期只有110天。各地可以根据多年的经验得出适合当地采收的平均生长期。

判断果实成熟度的方法还有很多，在讨论某一品种的成熟度时，常用综合因素去试验，最后在其中选择主要因子作为判断成熟的方法。以期达到适时采收，长期贮运的目的。

（二）果实采收技术

1. 人工采收

在人工采收过程中应防止一切机械伤害，如指甲伤、碰伤、擦伤、压伤等。果实有了伤口，微生物极易侵入，会促进呼吸作用，降低耐贮性。此外，还要防止折断果枝、碰掉花芽和叶芽，以免影响次年的产量。

果柄与果枝容易分离的仁果类、核果类果实，可以直接用手采摘，采时要防止果柄掉落。果柄与果枝结合较牢固的（如葡萄等），可用剪刀剪取。板栗、核桃等干果，可用竹竿由内向外顺枝打落，然后捡拾。采收时，应按先下后上、先外后内的顺序采收，以免碰落其他果实，造成损失。

为了保证果实应有的品质，在采收过程中，一定要尽量使果实完好无损，采果、捡果要轻拿轻放；供采果用的筐（篓）或箱内部应垫蒲包、麻袋片等软物；应减少换筐次数；运输过程中防止挤、压、抛、碰、撞。

2. 化学采收

对山楂、枣等果实小、采收费工的果树，过去多用棍棒敲打的办法，但用此法采收，枝叶损伤严重，果实品质下降。根据试验，于采收前7~9天对山楂树喷施500~600毫克/升的乙烯利水溶液催落山楂果实效果良好，大山楂催落率为68%~98%，落果率提高4~6倍，比人工敲打提高工效10倍左右。化学采收法尚处于试验阶段，各地可因地、因树制宜，试验推广。

3. 机械采收

机械采收是提高劳动生产率的重要途径，但其问题比较复杂，如选果和采摘的方法、产品的收集、树叶或其他杂物的分离、装卸和运输以及保持质量等问题，现在还没有良好的解决办法。目前，国外在果实采收方面应用了振动法、台式机械法和地面拾取法，但在国内机械采收的应用还很少。

二、果实分级与包装

（一）果实分级包装前处理

1. 果实清洗与消毒

许多果实采收后，果面沾有一些尘土、残留农药、病虫污垢等，严重影响了果实的外观品质，如不清洗可能会降低果实的商品性，也会加大在贮运过程中的果实腐烂程度。常用的清洗剂有稀盐酸、高锰酸钾、氯化钠、硼酸等水溶液。有时候为了能够清除果面上的有机污垢，还可以在无机清洗中加入少量的肥皂液或石油。总之，果实清洗消毒剂种类很多，应根据果实种类和主要清洗物进行筛选。但无论选择什么样的清洗剂，必须满足以下条件：可以溶于水；具有广谱性；对果实无药害且不影响果实的风味；对人体无害并且在果实中没有残留；对环境无污染；价格低廉。

2. 果实涂蜡

为了进一步提高果品的商品性，美国、英国、日本等发达国家的苹果、梨、柑橘类果实在清洗完毕后，还要进一步对果实进行涂蜡处理。因为果品经过分级涂蜡处理，不仅可以增加果面的光泽度，而且还能保持果品新鲜，较耐贮运，可大大提高果品的市场竞争力和商品价值。

果实用蜡的成分主要是天然或合成的树脂类物质，并在其中加入一些杀菌剂和植物生长调节剂。果实涂蜡的方法主要有沾蜡、刷蜡、喷蜡。涂蜡要求蜡层薄厚均匀，此外还应该注意果实涂蜡不能过厚，否则会阻碍果实的正常呼吸作用，在贮运过程中产生异味，使果实风味迅速变劣。

（二）果实分级

果实在包装前要根据国家规定的销售分级标准或市场要求进行挑选和分级。挑选的目的主要是剔除受病虫危害果、裂果、机械损伤果、变色果、腐烂果、畸形果等；分级的主要目的是使果实达到商品标准化，也就是使果实商品化。只有通过分级后，才能按级定价、收贮、销售和包装。通过挑选和分级，剔除病虫害和受机械损伤的水果。

1. 果实的分级标准

果实分级标准是根据果实的种类、品种以及销售对象而制定的，并且随着情况变化而修订。我国《标准化法》根据标准的适应领域和有效范围，把标准分为4级：国家标准、行业标准、地方标准和企业标准。果品分级标准的主要项目，因种类品种不同而有差异。

（1）按质量分级　质量的标准主要是靠人的眼睛进行综合性判断。优质水果或一级水果应符合下列条件：良好的一致性（大小、形状、颜色、成熟度等）；新鲜、成熟适度、质地良好；无病虫害和机械损伤。如苹果果实的等级规格具体标准参见表7－1。

表7－1　苹果质量等级规格指标

项目	优等品	一等品	二等品
1. 品质基本要求（适用于全部等级）	各品种、各等级的苹果，都应果实完整良好，新鲜洁净，无异常气味或滋味，不带不正常的外来水分，细心采摘，充分发育，具有适于市场或贮存要求的成熟度		
2. 果形	具有本品种应有的特性	允许果形有轻微缺点	果形有缺点，但仍保持本品种果实的基本特征，不得有畸形果
3. 色泽	具有本品种成熟时应有的色泽		
4. 果梗	果梗完整	允许果梗轻微损伤	允许无果梗，但不得损伤果皮

（续表）

项目		优等品	一等品	二等品
5. 果径（毫米）	大型果	≥70	≥65	≥60
	中型果	≥65	≥60	≥55
	小型果	≥60	≥55	≥50
6. 果锈		果锈是苹果中若干品种的果皮特征，为不影响外观，应符合下列规定的限止		
（1）褐色片锈		不超出梗洼，不粗糙	轻微超出梗洼之外，表面不粗糙	超出梗洼或萼洼之外，表面轻度粗糙
（2）网状薄层		允许轻微而分离的平滑网状不明显锈痕，总面积不超过果面的1/10	允许平滑网状薄层，总面积不超过果面的1/5	允许轻度粗糙的网状果锈，总面积不超过果面的1/2
（3）重锈斑		无	允许最大面积不超过果面的1/20	允许最大面积不超过果面的1/3
7. 果面缺陷		无缺陷，但允许下列规定十分轻微不影响果实质量或外观的果皮损伤不超过3项	允许下列规定未伤及果肉，无害于一般外观和贮藏质量的果皮损伤不超过3项	允许下列对果肉无重大伤害的果皮损伤不超过3项
（1）刺伤（包括破皮划伤、破皮新雹伤）		无	无	允许不超过0.03平方厘米的干枯者2处
（2）碰压伤		允许十分轻微的碰压损伤1处，面积不超过0.5平方厘米	允许轻微碰压伤，总面积不超过1.0平方厘米，其中最大处面积不得超过0.5平方厘米	允许轻微碰压伤，总面积不超过2.0平方厘米，其中最大处不得超过1.0平方厘米，伤处不得变褐，对果肉无明显伤害
（3）磨伤（枝磨、叶磨）		允许十分轻微的磨伤1处，面积不超过0.5平方厘米	允许轻微不变黑的磨伤，面积不超过1.0平方厘米	允许不严重影响果实外观的磨伤，面积不超过2.0平方厘米
（4）水锈和垢斑病		无。允许十分轻微的薄层痕迹，面积不超过0.5平方厘米	允许轻微薄层面积不超过1.0平方厘米	允许水锈薄层和不明显的垢斑病，总面积不超过1.5平方厘米
（5）日灼（日烧病）		不允许	允许桃红色及稍微发白者，面积不超过1.0平方厘米	允许轻微发黄的日灼伤害，总面积不超过2.0平方厘米
（6）药害		无药害，允许不影响规定色泽十分轻微的不明显薄层，面积不超过0.5平方厘米	允许轻微薄层，总面积不超过1.0平方厘米，不得影响本等级规定的色泽要求	允许轻微薄层总面积不超过2.5平方厘米，但伤处不软化，未形成表皮肿泡或破裂

（续表）

项目	优等品	一等品	二等品
（7）雹伤	允许轻微雹伤1处，面积不超过0.1平方厘米	允许轻微雹伤2处，每处直径不超过0.5厘米，总面积不超过0.4平方厘米	允许未破皮或果皮愈合良好的轻微雹伤，总面积不超过2.5平方厘米
（8）裂果	无	允许风干裂口2处，每处长度不超过0.5厘米	允许风干裂口3处，每处长度不超过1.0厘米
（9）病虫果	无	无	无
（10）虫伤	无虫伤，允许十分轻微者1处，面积不超过0.03平方厘米	允许干枯虫伤，总面积不超过0.3平方厘米	允许干枯虫伤，总面积不超过1.0平方厘米
（11）其他小疵点	无	允许有5个斑点	允许有20个斑点

（2）按个体重量或个体直径分级　在新鲜度、果形、机械损伤、颜色等方面基本符合要求的基础上，再按大小或直径进行分级，即根据果实的最大横径，区分为若干等级，每差5毫米为一级。我国柑橘品种果实按横径分级标准如表7－2所示。

表7－2　我国主要柑橘品种果实横径（毫米）分级标准

品种	1级	2级	3级
锦橙	60以上	55以上	45以上
夏橙	60以上	55以上	45以上
脐橙	65～85	60以上	50以上
血橙	60以上	55以上	45以上
雪柑	65以上	55以上	50以上
柳橙	55以上	50以上	45以上
温州蜜柑	60～80	55以上	50以上
蕉柑	60～80	55以上	50以上
椪柑	65以上	60以上	55以上
红橘	60以上	55以上	45以上
早橘	55以上	50以上	45以上
本地早	50以上	45以上	40以上
南丰蜜橘	35以上	30以上	

2. 果品分级方法及分级机械

分级方法有人工分级和机械分级两种。为了分级准确，人工分级可借助分级板按直径大小分级。分级板的制作很简单，只要在木板上按要求打一系列直径不同的孔即成。我国果产区出口的果品，先按规格要求进行人工挑选分级，再用分级板按果实横径分等。分级板是长方形木板，上有直径不同的圆孔，根据各种果实大小决定最小和最大孔径，顺次每级直径增加 5 毫米，分出各级果实。

机械分级就是使用各种分级机根据果径的大小进行形状选果，或根据果实的重量进行选果。机械分能也需经过人工初选、挑出病、残果后进入分级生产分级。分级机械有多种，如滚筒式分级机、重量分级机、颜色分级机等。

（三）果实包装

包装可减少果实在运输、贮藏、销售过程中由于摩擦、挤压、碰撞等造成的果实伤害，使果实易搬运、码放。由于各种水果抗机械伤的能力不同，为了避免上部产品将下面的产品压伤，苹果、梨的最大装箱深度为 60 厘米，而柑橘则为 35 厘米。

目前的包装材料主要为纸箱、木箱、塑料箱等。果品包装的发展有以下几个显著趋势：一是方便小巧型。目前，城镇水果消费已逐步趋向买新吃鲜、少量多次的特点，10 千克以上箱装的水果已不能适应大多数消费者的需求，取而代之的是 3 ~5 千克，甚至更少含量的小包装水果。二是精美高档型。三是信任透明型。四是绿色环保型。目前，果品包装材料已突破了普通纸箱的单一格局，向精美竹编、藤制、木质、可回收瓦楞纸箱等绿色环保、生态性能的包装材料发展。此外，在图案、品名、色彩、文字中营造出绿色包装的氛围，使其形成一种设计主流而得到传播。

国外一些发达国家对果实的采后处理，已全部实现机械化，把果实清洗、消毒、涂蜡、分级、包装、入冷库等程序在一条现代流水线上全部完成。

三、果品简易贮藏与保鲜

目前，国内外应用的贮藏方法较多，可以归纳为两大类：一类是低温贮藏，即利用自然冷源或人工降温（机械制冷或加冰）的方法，使贮藏环境保持低温；另一类是控制气体成分（简称气调贮藏），多数是在降温的条件下调节贮藏环境中的气体成分，使之达到适于果实贮藏的气体指标，从而获得更好的贮藏效果。

根据我国生产实际，这里重点介绍在山区、农村经常用到的果品简易贮藏方法。果品的简易贮藏包括堆藏、地沟贮藏、窑窖贮藏及通风库贮藏等，其共同特点是利用自然低温来创造并维持适宜贮藏的温度条件。

（一）堆藏

堆藏是设在果园或空地上的临时性贮藏方法。堆藏时，一般将果实直接堆放在果树行间的地面上或浅沟（坑）（地下20～25厘米）中，或者堆放在院墙后、室内空地或荫棚下等阴凉处，上面用土、秸秆、草帘等覆盖，防止日晒、风吹、雨淋，维持适宜的温度、湿度，使果品保持新鲜状态。这种方法常用于板栗、苹果、梨等贮藏。根据气温变化，分次加厚覆盖，可以进行遮阴或防寒保温，以便达到贮藏保鲜的目的。堆藏按地点不同，可分室外、室内和地下室堆藏等。所用覆盖物多就地取材，常用覆盖物有苇席、草帘、作物秸秆、土等。

覆盖的时间和厚度要根据气候变化情况而定，一般在堆藏初期气温较高，为防日晒，应在白天盖席遮阳，夜间揭席通风。秋季风较大，用席覆盖后还有保温和防雨淋的作用。以后随气温逐渐降低，再分次加厚覆盖以进行防寒保温。

（二）沟藏

沟藏也是我国北方苹果产区的贮藏方法之一，适于集中产区就地贮藏晚熟苹果品种。沟藏要掌握好贮藏场地选择和设置、果实的挑选和预冷、入贮和贮藏管理以及适时出沟等技术环节。

1. 贮藏场地的选择和设置

贮藏场地要选在地势干燥而平坦、背风向阳、土质坚实、无污染、运输和管理方便的地方。地沟的大小可根据贮藏量而定，山东烟台地区一般每平方米地沟可贮藏苹果300千克左右，甘肃省一般每米长的地沟可贮藏苹果500千克。地沟走向以东西为宜，深度可根据各地冬季的最大冻土层深度来确定，以沟内温度不低于-2℃为宜。沟底中央，沿沟的走向挖一道深、宽各20厘米的沟槽，以利于沟中通风透气。为防御严冬时寒风、低温侵袭，在沟的上方架设“屋脊状”支架，以便覆盖草帘、席等，同时在贮藏场地周围及沟的北沿距沟1米为远处，埋设用玉米或高粱等秸秆做成的“风障”。

2. 果实的选择和预贮

选择个头均匀的优质果，经细心挑选后进行预贮。预贮的作用是预冷降温，多在果园内就地进行。具体方法是在冷凉、干燥的树荫下，挖深20厘米、宽120~150厘米的土畦，四周筑成同约10厘米的畦埂。将果实一层层摆在畦内，果高5~7层。白天应注意遮阴，以免阳光照晒，傍晚要揭开覆盖物通风，降低果实温度。

3. 果实的入贮和管理

果实入沟贮藏的时间，一般在日平均气温5~10℃时比较适宜。入沟前，要先在沟底铺上一层5~6厘米厚的干净细沙、软松土或软草，根据沟内的温度状况决定是否喷水加湿或把地沟晾晒几天以降低湿度。

果实入沟贮藏时，可从沟的一端开始，一层层地摆果，果层厚度一般为60~70厘米。摆果时每隔6~7米在果实中立一个用秸秆做成的直径横 10 厘米的通气把，长度要高出果堆顶部 10 ~ 15 厘米。果实摆好后，在上面覆盖一层苇席或 3 ~ 5 层防寒纸，在沟的上方架好“屋脊状”支架，并覆盖秸秆或草帘等。在整个贮藏期间，要根据天气变化和果实的生理状态，搞好初期、中期和后期的管理工作。

贮藏初期是指从入贮至贮藏一个月左右的时间。管理工作的重点是尽可能降低贮藏环境的温度。一般是晚上揭开沟顶的覆盖物，尽量利用晚间下沉的空气降低沟内温度和保温，白天则要遮阴覆盖，防止太阳直晒，保持沟内低温。天气干旱、沟内湿度不足时，要适当地向果堆上喷水。

贮藏中期管理工作的重点是保温防冻。随着气温的下降，逐渐加厚地沟上的覆盖物，并防止覆盖物被大风刮走，同时特别注意把“层脊状”支架两端盖严实，严防寒风吹入沟内。在整个贮藏中期，一般不揭开覆盖通风。如果沟内过于湿热必须通风时，可在风和日暖的晴天中午，揭开背风向阳面的毡席进行少量通风。

贮藏后期是指次年早春天气开始转暖，到贮藏结束前的一段时间，管理工作的重点是一方面要适当通风，防止沟内温度回升过快，另一方面也要注意天气变化，避免气温骤降冻伤果实。夜间可揭开沟上的覆盖物通风换气，降低沟温，但不揭开盖在果面上的苇席。进入 3 月份后，天气进一步转暖，部分地区日平均气温常达到 2 ~ 6℃，沟内温度也达到 3 ~ 5℃，至 3 月中旬前后，沟温 4 ~ 5℃时，除仅留架顶一层毡席防雨防晒外，可将其他覆盖物全部去除，并根据情况及早出沟销售。

4. 果实的出沟

沟藏果实的销售，一般只在贮藏前期和后期进行，中期因气温较低不宜开沟出售。应用沟藏苹果，具有良好的保鲜效果，一般可贮至次年 3 ~ 4 月份。

（三）窑窖贮藏

这是一种结构简单、建造方便、管理容易、性能良好的贮藏方法，包括窑、窖两种。在土层侧面横伸掘进者称为窑，向土层地下纵向掘时者为窖。

1. 棚窖

是一种临时性的简易贮藏方式，形式多种多样。棚窖每年秋季贮果前建窖，贮藏结束后用土填平，可以用来贮藏苹果、梨等多种果品。棚窖一般选择在地势高燥、地下水位低和空气畅通的地方构筑。窖的大小根据窖材的长短及贮藏量而定。一般宽为2.5～3米，长度不限。窖内的温度、湿度依靠通风换气来调节，因此建窖时需要设天窗、窖眼等通风结构。天窗开在窖顶，0.5～0.6米宽，长形，距两端1～1.5米；窖眼在窖墙的基部及两端窖墙的上部，口径为25厘米×25厘米，约每隔1.6米开设一个。窖内温度变化主要是根据所贮产品的要求及气温的变化，利用开窗及窖门进行通风换气来调节和控制的，窖内湿度过低时，可在地面上喷水或挂湿麻袋进行调节。

2. 土窑洞

黄土高原地带贮藏水果的常见方式。土窑洞的类型有多种，如大平窑型、主副窑型、侧窑型及地下式砖窑型。但各类土窑洞的主体结构基本上都是由窑门、窑身和通风孔3个部分构成。

（1）窑门　方向应选择朝北方向，切忌向南或向西南。一般设两道门，门上边留50厘米×40厘米的小气窗。门宽1～1.5米，高2.5～3米，两道门距4～6米，构成缓冲间。门道向下倾斜，二道门为栅栏门，供通风换气用。

（2）窑身　窄而长的窑身有利于加快库内空气流动速度，用利于增强库体对顶土层的承受力，窑顶成尖拱形更好。窑过宽会减慢空气的流动，过长会加大库前和库后的温度差。一般深度为30～50米，宽2.5～3米，高约3米。窑身顶部由窑口向内缓慢降低，比降为0.5%～1%，顶底平行。顶上土层隔热防寒，窑内设地槽，用以防鼠及灌水降温增湿。

（3）通风孔　是土窑洞通风降温的关键部位，设于窑身的后壁上。通风孔应有足够大的内径和高度，才能有足够大的通风量和加快热空气上升速度。通风孔内径下部1～1.5米，上部0.8～1.2米，高为身长的1/3～1/2，砌出地面，底下开一控制排气量的活动天窗，下部安装排气扇加强通风。

土窑建造要选择黏性土壤。现在许多地区先进行开挖，然后用砖砌成窑洞形状。这样建造费用较大，但应注意施工安全。

土窑窖贮藏的管理，基本原理与棚窖基本相同，也是利用通风换气控制窑洞内的温度。窑内相对湿度一般较高，无须调节。

3. 窑窖贮藏的管理

第一，窑窖存果前应进行消毒。方法是用硫黄拌入锯末点燃发烟，每100立方米库容量用1千克硫黄进行熏蒸，密闭2～3天后，打开通风数天即可使用。

第二，在装箱堆垛贮藏时，垛堆底部要用砖、木等垫起5～10厘米，垛堆上部距窑顶要有70厘米左右的空隙。筐装最好立垛，筐沿压筐沿；箱装最好采取横真交错的花垛，箱间留出6厘米宽的缝隙，以利通风。垛堆应靠窑两侧，中间留出走道。散放堆藏时，先在地面铺5～6厘米厚干净细沙，然后将果实一层层摆放在细沙上，高度以70～100厘米为宜。

第三，入库初期，应当迅速使库温下降，一般白天关闭门窗，夜晚打开，温度以0～0.5℃为宜，但不能低于－2℃。寒冷的冬季，只要保证库温不再波动，即关闭门窗保持低温就行。如果外界气温低，库温却有上升，在晴天中午可缓慢通风降温。开春气温回升，主要工作是防止库温回升，可采用往地槽内灌水，库内挂湿草帘、放湿锯末、积雪，也可给地面墙壁喷水，地面墙壁上有霜状物，说明湿度在85%～90%要求范围以内。

第四，定期检查。果实贮藏期间，一般每隔半月仔细检查一次，及时剔除烂果，以减少病菌传播侵染。如发现质量下降严重，不可继续贮藏时则应考虑出售。

（四）通风库

通风库是棚窑的发展，其形式和性能与棚窖相似。通风库的贮藏管理，主要是在良好的隔势保温性能的库房内，设置有完善而灵活的通风系统，利用昼夜温差，通过导气设备，将库外低温空气导入库内，再将库内热空气、乙烯等不良气体通过排气设备排到库外，从而保持果品较为适宜的贮藏环境。但是，由于通风库是依靠自然温度冷却贮藏。因此，受气温限制较大，尤其是在贮藏初期和后期，库温较高，若不能加以控制会影响贮藏效果。为了弥补这一不足，可利用电扇、鼓风机、加水或机械制冷等方法加速降低库温，以进一步提高贮藏效果，延长贮藏期。

（五）冻藏

冻藏是指在冬季利用自然低温，使果实在轻微冻结之后进行贮藏。冻藏结束后，果实经过缓慢解冻，能够恢复其正常的生理功能。准备用来冻藏的果品，要适当晚采摘。分级后果实包纸装箱或筐，经过预冷，先堆码在普通贮藏窖或窑洞中，随严寒季节到来，敞开门窗，大量引入外界冷空气降温，使贮藏空气的温度下降到－18℃左右，果品在冻结状态下继续贮藏。到春季外界气温升高时，将门窗紧闭，或在箱（筐）垛上加塑料薄膜并盖上棉被，以减少果实受外温的影响，从而维持一段冻结时间。

果品冻藏时应注意：果实冻结后，即维持在冻结状态下贮藏，不能时冻时消，否则果实不能复原，并会变褐变软。果实一经冻结，切忌任意搬动，否则易造成机械损伤。冻结果实，次年春季应随气温的逐渐升高缓慢解冻，不能快速放在较高气温下。

除了这些简易贮藏外，在果实贮藏中还进行通风贮藏、机械冷藏、气调贮藏以及一些贮藏新技术，如微波保鲜、微生物保鲜、加压保鲜、减压保鲜、电子技术保鲜等。

第八章　果树丰产优质栽培新技术

一、果树矮化密植栽培技术

密植是果树栽培技术体系上的一项重大改革。果树密植有利于集约化栽培，有利于早果、优质、丰产，有利于创造良好的小气候条件，更新品种容易，恢复产量较快。

（一）品种选择

密植栽培一定要选择与栽培密度相适应的品种。密植栽培品种选择应遵循以下原则。

1. 选择短枝型品种

短枝型品种是指树冠矮小，树体矮化，密生短枝，且以短果枝结果为主的矮型突变品种。常见短枝型品种有：元帅系苹果新红星、首红、超红、瓦里短枝等；金冠系的金矮生、好矮生；富士系的宫崎短枝、富岛短枝、惠民短枝、烟富5号等；澳洲青苹系的短枝青苹（又名史密斯矮生）和米勒矮青苹；梨短枝型品种八月酥、抗寒短枝型梨MY331；油桃短枝型品种超红短枝；石榴短枝型新品种短枝红等。

2. 利用矮化中间砧或自根砧

利用矮化砧或矮化中间砧可使嫁接在其上的普通型品种树体矮小紧凑。矮化砧木不仅能限制枝梢的生长、控制树体大小，又能促进果树早结果、多坐果、产量高、品质好，而且矮化效应持续长而稳定。目前，在苹果生产上应用较多，例如，英国的M系的M9、M26和MM系的M106，波兰的P系，我国育成的抗寒苹果砧木GN-256等。这些砧木可以通过压条、扦插、组织培养等方法进行繁殖。梨矮化砧木榲桲、中矮1号、K系矮化砧等。毛樱桃、矮扁桃可作为桃的矮化砧；榆叶梅可作为李的矮化砧。

（二）合理密植

合理密植是要根据品种、砧木、栽植的立地条件、管理水平等，确定适宜的栽植密度。建园栽树确定栽植密度时，行距应放大些，一般株距1.5～2米，行距3.5～4.5米，每亩栽植80株左右。长方形栽植，保留一定的作业通道，便于打药、施肥和采收。密植果园株距和冠径应近等，或株距略比冠径大些。树冠体积应控制在一定范围之内，要保证行间有1米左右的枝头距（相邻两行树的相邻的植株，彼此间枝梢头之间的距离），要求树冠冠径小于或等于株距。树冠高度最好为行距的3/4，冠高不要同于2.5米，行距越小树冠要越矮。树冠形状以断面光照条件较好的锥形为好，如自由纺锤形、细长纺锤形。

（三）控冠技术

密植条件下，每株树占有的土地面积和空间体积相对较小，因此，密植必须控冠。可以通过下面的方法来控冠。

1. 采用合理树形

苹果、梨等，在稀植条件下多采用主干疏层形，树冠2～3层，一层3个主枝，每个主枝上配置3～4个侧枝，树冠更大时还要配置副侧枝，2～3层的每个主枝也要配置1～2个侧枝。对干性较强的树种，如苹果、梨、核桃等，目前，密植园的主要树形有小冠疏层形、自由纺锤形、改良纺锤形、细长纺锤形等。对那些干性较弱的树，如桃、杏、李等宜采用自然圆头形或两主枝开心形。

2. 以果控冠

生产中要调动一切手段使果树早形成足够的花芽，修剪上采用长放、轻剪、疏剪、刻芽、夏剪、环剥以及化学控制措施。幼树可采取轻剪长放，冬剪为辅，夏控为主，各种调控措施的综合运用，使树冠由圆变扁，枝条不向行间延伸，株间连接成树篱。

开花时采用人工授粉等措施，保证密植果树早期获得较高产量。

3. 制造营养物质交换障碍

如果在地上部和地下部营养物质交换中，通过损伤输导系统，使营养物质交换暂时适当受阻，就能有效限制树冠的扩大。生产上常用的环切、环剥、绞缢、倒贴皮、大扒皮等方法都是在制造果树营养物质交换障碍。

4. 利用不同枝干生长之间的矛盾

从密植树形考虑，骨干枝的纵向生长和横向生长是一对主要矛盾。如果要调节某一生长枝的生长强弱，可通过多留壮分枝、少疏枝、抬高角度和少结果，即可转强；通过多疏少留壮分枝，加大角度和多结果则可削弱。此外，还要严格控制侧生主枝基部粗度，粗度大向外延伸潜力大，粗度小向外延伸潜力小。同时还要注意与着生母枝基部粗度的比例，越是密植，粗度比值应越小，比值过大或过粗时，应从基部进行更新。

要控制侧生主枝粗度及与中心干粗度的比例，关键是在幼树整形阶段加以控制，除单轴延伸外，常采用措施如下：在2～4年生时，可以将先端发出的壮枝全部疏除，只保留下部中庸偏弱的枝，开张角度70°～80°；除少数短弱分枝外，所有长枝全部重短截，只留基部2～3个芽，待明年重新发出枝，再选主枝，并开张角度。

5. 改冬剪为主为四季修剪

四季修剪采用疏、拉、刻、撑、吊等多种技术手段调节树体生长发育，分散营养，缓和树势，增加短枝和叶丛枝数量，提前进入丰产期。具体操作技术如下。

（1）冬疏枝　冬季修剪以疏枝、缓放为主，疏除冠内弱枝，主枝头外围竞争枝，背上徒长枝，对有意保留的旺枝缓放不剪。

（2）春调芽　可用刻芽补空，对缓放的辅养枝以及后部大枝组形成的部位进行刻芽，抹除位置不好的萌芽，抠除萌发竞争枝的芽。

（3）夏调梢　及时疏除多余梢，扭弯直立旺梢以缓和枝势，促进花芽分化。

（4）秋开角　利用秋季组织充实阶段对角度较小和方向不合适的枝，采用拉、拿、吊，开角至角度适当的位置。

（5）综合利用刻、拉、剥技术　生长季节综合采用刻、拉、剥等措施可有效促进花芽分化。刻芽以刻两侧芽为主，具体方法为用利刀在需发枝部位的上方0.5厘米处刻横伤深达木质部。为促发长枝，可离芽稍近点，时间早点；为促发中短枝，则相反。对树冠外围长条枝可通过拿枝、扭梢等措施使树枝弯下头，形成枝吊，减弱生长势，促发短枝形成花芽。6月中旬以后对旺长的侧枝和冠内直立枝在其基部进行环剥，宽度为其枝条直径大小的1/5~1/4（注意：环割、环剥在1年当中只进行1次）。

6. 限根和断根

限根栽培就是通过人为措施或利用自然条件，限制根系的生长，达到早果和控冠的目的。较好的方法是利用无纺布，根据实际需要将其制成袋状，装上营养土，再挖埋入土中，在袋中定植果树。在土层浅薄的丘陵山地，人工刨挖或采用炸药爆破挖植穴，其内填入较肥沃土壤，在其中定植的果树土壤营养体积有限，也能限根控冠。

断根或称根系修剪，即通过减少根量，以削弱枝梢生长，但根系修剪不如地上部好操作，在密植果园中可结合深翻改土或深施肥，适当切断部分骨干根。

7. 控制树高

密植必须控制树高，一般树高应控制在行距的1/2，即行距4米，树高2米较为合适。正确控高修剪的方法是在树高即将达到预定高度时，采用“削弱头长势”的修剪方法，预先做好回缩换头的准备。如树高要求2.5米，当树高已达到2米时，就要采取措施。常用方法是中心干延长枝一定要长放不短截，保持单轴延伸状态，其下壮分枝基本全部疏除；在延长枝生长势过强情况下，不惜疏枝造成对口伤，以削弱生长势，使中心干延长枝萌芽力增强，削弱成枝力，从而导致增粗减弱。次年再按照相同的方法修剪，直到延长头侧生分枝已多数形成花芽并开花结果再回缩换头。回缩后变强，再放再疏，变弱后再回缩，以达到控制树高的目的。

8. 控制冠径

控制冠径的扩大，表面是控制主枝的长度，实质控制主枝的粗度和尖削度，主枝越粗尖削度越大，向外延伸能力越强，控冠越困难。控制增粗和尖削度的基础方法是少配置、不配置壮的侧生分枝。所以，首先必须根据株行距大小确定主枝配置侧枝的多少或不配置。其次是开张角度，角度越大，对生长势削弱越重，不利于增粗，然后通过环剥、刻芽等措施，抑制营养生长，促进花芽分化，适当多结果等，也能抑制增粗。当主枝明显变粗，延伸难于控制时，可将其疏除；如疏除后空间较大，可留桩重截，待留桩上发枝后再重新培养新的主枝。

（四）辅助授粉

对于自交不亲和的果树种类如苹果、梨等，为提高坐果率，除配置授粉品种外，还应进行人工辅助授粉。人工辅助授粉的具体操作步骤和方法如下。

1. 采花

选择花粉量大的适宜授粉品种，采集花瓣已松散而尚未开放的大铃铛花。苹果不采中心花，梨留 1~2 个边花。花多的树多采，花过多，结合疏花序。采花量根据授粉量而定。一般每 25 千克鲜花可采花药 2.5 千克，干花粉 0.5 千克，可供 20~30 亩盛果期树授粉用。

2. 采花药

刚采下的鲜花不能堆放，不能装在塑料袋内，要及时在室内将蓓蕾倒入细铁丝筛中，用手轻轻揉搓，花药一搓即掉。然后将搓下的花药用簸箕簸一遍，去掉杂质后烘干制粉。

3. 制粉

将花药摊晾在干燥、通风、温暖而又洁净的室内白纸光面，温度保持在22～25℃，1～2天后花药即裂开散粉，然后将花粉过细箩，去除杂物。制粉后，将花粉在暗色瓶内，密封后放在冰箱内备用。

4. 人工点授

将花粉1份，加5～8份滑石粉混合后点粉。点授时将抑郁释好的花粉装入干燥小瓶中，系上细绳挂在手指上，以便操作。用铅笔橡皮头沾花粉，在苹果中心花、梨边花的柱头上轻轻一抹即可。一次可授5朵花。点花距离可根据树种、品种和花量多少而定。为提高工效，最好用手持小喷粉器逐花喷授。可用喷蚊蝇用的小喷子改造成喷粉器。即将喷雾器拧开，将吸药管剪去留1厘米，用自行车气门胶管10厘米左右，插在吸药管上即成为喷粉器，授粉时拉动压气柄即可喷粉。

5. 毛巾棒滚授法

此法适合给杏、桃、大樱桃等先开花后长叶的树种授粉。此法取材容易，制作简单，操作方便，每人每天可滚授3亩左右，比挂罐震花枝准确度高。

（1）毛巾棒制作　先将新毛巾裹上麦秸或旧棉絮等填充物，缝好边缘使之成为圆柱形，长40～50厘米，直径5厘米左右。然后把竹竿插入毛巾棒中，并用细绳捆紧下口即可。

（2）滚授方法　当果树开花达40%左右时，用毛巾棒先在授粉树上滚动使之沾满花粉，然后到主栽品种花丛上轻轻滚动。花稀处慢滚，滚两遍，花密处快滚，流一遍，一般沾一棒花粉可滚授大树10株左右。

6. 喷粉法

用1份花粉，加100份滑石粉充分混合进行喷授。方法有两种：一是用喷粉器喷粉，二是用纱布震粉。可将已稀释过的花粉装入2～3层纱布的袋中，用细绳把袋口扎紧，系在长竹竿上，将袋子高举到树冠上和树冠内，轻敲竹竿，花粉即可由袋中飞散出进行授粉。

7. 喷雾法

先将白糖500克、尿素30克、水10千克配成混合液，临喷雾前再加入25克干花粉和10克硼砂，用二三层纱布滤出杂质。花粉水溶液要随配随用。在苹果、梨花开25%左右时，气温在22～25℃时喷授最好。

（五）疏花疏果

疏花疏果的原则：按树定产，按枝定量，按量留花，花多多疏，花少少疏或不疏，使留花留果尽量合理；弱树多疏，壮树少疏，花芽少的旺树不疏，以调节树势，稳定产量。

1. 苹果

一般盛果期树，若单株花序在700个以上，1个果台有一个副梢的留单果，副梢强的留双果，2个副梢的留双果，个别强留3个果，无副梢不留果；若单株花序在450～700个之间，1个副梢的留双果，副梢细短的留单果，2个副梢留3个果，弱的留双果，无副梢的留单果；若单株花序在450个以下，无论有无副梢都留果，病弱树无副梢一般不留果，一个副梢留单查，个别壮的留双果。

2. 葡萄

在植株负载量较大、花序过多时，需要疏花序。将发育差的弱小花序和分布过密或位置不适当的花序疏掉，使养分集中供应留下的优良花序。根据国内外的经验，可以采用"壮2中1弱不留"的原则，作为疏花序的参考。即强壮的结果枝可保留2穗、中等结果枝保留1穗。疏花序在花序抽出后即可进行。对保留下来的花序还要掐穗尖，一般掐去花序长度的1/4～1/5左右。掐穗尖后，不仅达到了疏除部分花朵的目的，而且还减少了果穗尖端易发生软尖或水罐子病的危险。为了生产果穗整齐、果粒硕大的葡萄，还要将过多的果粒除去。要求疏果后，根据品种特性，每一穗只保留30~80个果粒，大果型少留，小果型多留。

3. 梨

疏花疏果时间从花序展开到第一次生理落果后都可进行，越早越好。留先开放的花蕾，疏后开放的花。留花柄长的，疏花柄短的。原则上要求一个花序只留1个果或两个果，但在花量不足的情况下，一个花序可以留两个果或多个果，以保证产量。在具体操作中抓住“三看”：一看树势，看挂果和枝组负担力，然后决定留果多少，其中树势是决定因素；二看坐果部位、密度和距离，使果树在树冠内合理分担产量，一般果间距为15厘米左右；三看病虫害和畸形果，这类果要全部疏除。

4. 桃

桃的花期早，在花蕾期即可开始疏蕾，开花时又可疏花，到幼果期仍可疏果。从效果上看，疏果不如疏花。如当年花期气候条件不好，可适当晚疏，疏时从上到下，从里到外，从大枝到小枝，逐渐进行。对一个枝组来说，上部果枝多留，下部果枝少留；壮枝多留，弱枝少留。先疏双果、病虫果、畸形果，后疏密果。各种果枝留果标准：一般长果枝留3~4个，并以侧果或下果为好；短果枝则留顶果。

二、果树套袋技术

水果套袋是在果实的生长发育期间，将果实套上一个适宜的袋子，避免果实与外界直接接触，同时，采取相应的配套措施，达到改善果实外观、减少病虫危害、降低农药残留、提高商品价值的一项适用栽培技术。套袋广泛用于苹果、梨、葡萄、桃等多种水果。

（一）果袋选择

果实袋种类很多，有塑料袋、蜡袋、牛皮纸袋等，近年来也有用无纺布作为套袋材料的。目前，生产上用的果实套袋主要是纸袋，选用时应注意水果套袋质量。

对果实纸质袋的质量要求有以下几点：一是抗水性。通常会在果实纸袋制作过程中加入抗水剂、拨水剂及湿强剂以增加纸袋的抗水性。此外，袋的底部打上一个小洞，以利雨水（或积水）的排出，否则长期处于潮湿状态，果实容易染病。二是遮光性。如果需要遮光性能好的纸袋，套袋内可加一层黑色原纸，或纸袋的一面染成不脱落、不污染水量的黑色。对难着色的品种，如长富2号、早生富士等宜用双层袋（外袋外表灰、绿色，里表为黑色，内袋为红蜡纸）；对较易着色的品种，如嘎拉、乔纳金品系、元帅系短枝型品种等，可用单层袋（外表为灰色、绿色，里表为黑色），也可用外层为灰绿色，内层为蜡质黑色的双层袋。对黄绿色果实品种，如金冠、金矮生、青香蕉品系的苹果及梨的一些品种宜多选用透光性能好的蜡质黄色条纹袋。三是抗拉性。为使纸袋经久耐用，通常选择纤维强度较高未漂牛皮浆或漂白牛皮浆做原料的果实套袋。四是良好的透气性。纸袋的厚度以不让昆虫容易咬穿或通过及有一定的抗拉力为宜。

具体鉴别方法为：选一纸袋套在打开的白炽灯泡上，观察灯光穿透纸袋的情况。若灯光穿透性差，说明纸袋遮光性好；否则，为纸袋遮光性差或遮光不均匀。用水浇注纸袋，若水在纸袋上形成水珠滚动，表明纸袋吸水性差，防水性好；若水在纸袋上弥散，表明纸袋吸水性强，防水性差。把纸袋密封在盛满开水的杯口上，纸面冒热气的，表明纸袋通透性好；不冒气的，表明纸袋透气性差。此外，纸袋的规格整齐度、铁丝的牢固程度以及黏合处的黏合程度等也是决定纸袋质量的重要因素。

梨主要选用遮光性较强的内袋黑色、外袋浅黄褐色，或内袋黑色、外袋深褐色的双层袋，也可选用内面黑色、外面灰色的单层袋，规格一般为（120～190）毫米×（140～160）毫米。桃最好选用外袋深红褐色，内袋黑色，或外袋浅黄褐色、内袋黑色的双层袋。葡萄（以红地球为主）应选用半透明纸质或纸质较厚的专用葡萄袋，规格一般为（215～290）毫米×（330～360）毫米。

（二）套袋和除袋时期

套袋时间是水果套袋技术的关键之一。果实套袋一般在生理落果之后，定果后立即进行。大致时间为落花后1个月左右完成。

除袋一般在采前20天左右，但不同树种、品种，不同地点要求的时间各不相同，不能一概而论。一般桃最好在采前10～15天除袋，使果面着色；苹果在采前20天左右除袋；梨可以带袋采；葡萄在采收前7～10天，将果袋撕开，使果面着色，待采果时再除袋。

摘袋时间因纸袋类型、品种的不同而有所差异。套单层浅色纸袋，易着色的品种和不上色的品种，采前可不去除果袋；选用深色单层纸袋及着色较深的中晚熟品种，于采前15～20天将袋底撕开呈伞状，罩在果实上方，经4～5天晴天去袋；套用双层纸袋的晚熟品种，宜于采收前20～25天除去外层袋，经过4～5天晴天后，再去掉内袋。较难着色的品种，可在采前1个月开始去外袋，经过4～5个晴天后，全部除去袋。

（三）套袋方法

1. 套袋方法

套袋应遵从由上到下、从里到外、小心轻拿的原则。就单个果园或单棵树而言，要套就全园树都套，不能半套半留；不要用手触摸幼果，防止果面形成果锈；不要碰伤果梗和果台，防止落果和僵果。套袋前可喷少许水于袋口处，以利扎紧袋口。套袋应在晴天早晨露水干后进行。选定果实后先将纸袋口撑开，用右手握拳由上往里冲一下，下底微微打开通气口和雨水口，然后再用左后把果袋两下角轻轻一捏，使果袋成筒状，将果梗轻轻放入袋子半圆口的开口处。双手托起袋口按折扇的方式折叠袋口2～3折收拢，将有铁丝的那一折放在最外，然后在铁丝的1/2处从袋口往下折叠，使袋口形成“Λ”字形。雨水、药水及害虫不能进入袋内，否则会影响套袋效果，易形成花斑。但也不可用力过猛，以防果实、果柄受伤。最后将袋子梳理一下，使果子位于果袋中间。由于有的果袋制作时涂有农药和蜡质，所以，套袋操作后应及时洗后，以防中毒。使用双层袋时，不要把铁丝捆在果柄上，以免风雨摇摆伤果柄，造成落果。

2. 套袋应注意的事项

使果实处在果袋中央，不靠果袋纸，以防发生日灼。套袋时要将袋口扎严，防止害虫钻入袋内危害果实，袋口不要伤及果柄，以防影响果实生长。套袋后尽量少用波尔多液，以免污染纸袋，造成纸袋通透性不良，影响套袋效果，可多用多抗霉素、大生M-45等有机杀菌剂来保护叶片。果实摘袋后不能喷任何药物，以免影响果品质量。注意采收质量，一定要随采收随剪掉果柄，随套泡沫网入箱，避免碰、压、刺伤。

（四）套袋配套技术

1. 套袋前的管理

（1）适时修剪　套袋果园要求综合管理水平高，树体健壮，病虫害发生轻。应采用合理的树体结构，苹果、梨以小冠疏层形、基部三主枝改良纺锤形和自由纺锤形为主。修剪上以轻剪、疏剪为主，冬、夏剪相结合，长树与结果相结合的原则。冬剪时，疏除上部粗大枝、内膛徒长枝、过密枝和外围竞争枝，以及树冠下部裙枝，使树冠通风透光，结果枝粗壮，结果部位均匀，亩枝量10万~12万条，达到立体结果的目的。生长季透光率达到25%~35%。

（2）疏花疏果　疏花疏果是套袋技术的重要环节，应以疏果为主。按照上重下轻、外重内轻、细弱枝重、强壮枝轻的原则。一般应在生理性落果后，果实膨大前进行，要在套袋前全部疏成单果，实行以花定果技术，调整好树体负载量，确保果实数量。疏果时应先上后下，先内后外，疏去病虫果、畸形果、过密果、小果等，使保留的果实大小均匀，果形整齐，分布合理，为套袋创造条件。要选留结果部位好、果柄长、果形大且端正、无病虫害的果实进行套袋。套袋品种主要选择商品性好、有较大面积栽培的优良品种。

（3）土肥水管理　套袋果园宜采用生草制，以增加土壤有机质含量，改善土壤团粒结构，保持水土。发芽前施足肥，以有机肥、多元长效复合肥、生物肥（生物固氮肥、生物钙、生物钾等）为主，施后浇透水，改大水漫灌为滴灌、喷灌或渗灌，保好墒。增强树体对病虫害的抵抗能力和增进果实品种。在花后2周、4周各喷布1次氨基酸钙液体肥，可有效减轻或防止苦痘病的发生。

（4）人工辅助授粉　套袋的果园必须进行人工授粉，应以人工点授中心花为主，每个花序点授1~2朵花，不能单纯依靠放蜂等辅助措施代替人工授粉。人工辅助授粉除能保证坐果外，还有利于果实增大，端正果形。

（5）病虫害防治　发芽前刮除枝干上的老、粗、病皮，喷1次索利巴尔50~80倍液或5波美度的石硫合剂；对主干和大枝涂刷强力轮纹净等铲除剂。花蕾分离期喷1次既杀螨又杀虫的蛾螨灵。谢花后立即喷1~2次多抗霉素（或农抗120）+甲基托布津，或单喷菌立灭，防治斑点落叶病、霉心病和轮纹烂果病。套袋前2~3天必须全面喷1次杀菌杀虫混合剂，重点喷布果实，待药液充分晾干后方能套袋。药剂宜选用水剂、粉剂，忌用乳剂。

2. 套袋后的管理

（1）病虫害防治　轮纹病、霉心病易在此期侵入果内，潜而不发，8月份以后，果实内糖度增大，酸度、钙浓度以及酸类物质含量下降，轮纹病就会发生。此期又是康氏粉蚧、蚜虫、红蜘蛛、潜叶蛾等多种害虫的并发期，而且是果实纵径增长的关键时期，这时注意喷杀虫菌剂，交替使用灭幼脲类和齐螨素类药剂，防治各种害虫。为防止害虫进入袋内危害果实，可喷1~2次倍虫隆和对害虫有忌避作用的药剂。注意不要喷含铜离子的防病药剂及乳油类药剂。

（2）肥水管理　果实迅速膨大期对肥水的需求量旺盛，同时，也是钙、硼等多种元素吸收的高峰期，要科学地施肥浇水，增施磷钾肥，可喷施2~3遍磷酸二氢钾、氨基酸复合微肥，控制氮肥，喷施微肥（增钙灵、氨基酸微肥等），以保证果实对磷、钙、硼、铁、锌等微量元素的吸收，增加单果重，防止缺素症。果实生长后期不要再施速效氮肥。不要在果实着色期浇大水。为提高果实含糖量，改进品质，应特别注重施用壮果肥，多施有机肥。不必喷施各种果实膨大着色剂。高温干旱期应及时灌水，或行间种草、树盘覆草，改善果园生态环境，防止袋内果实温度过高。

（3）夏季修剪　果实全部套袋后，在防治叶部病害的同时，搞好夏季修剪工作。盛夏以后，树冠郁团，往往是冠内套袋果病害重、果锈多、裂口裂纹的主要原因。6~7月份，树冠的透光度要保持30%左右。要及时疏除过多过密的外围枝梢。在摘袋前一周，要疏除树体上过多的徒长枝与密生枝，并摘除果实周围的贴果叶、遮光叶，使地面透光量达到30%左右。

（4）摘叶、转果、铺反光膜　为提高着色程度，在疏枝的基础上，可进行摘叶、转果及铺反光膜工作。摘叶可分三次进行，第一次摘叶可在去外袋时将近果的叶片摘除；第二次摘叶可在去内袋时摘除挡光的叶片、果台枝基部叶片，适当摘除果实周围5~10厘米范围内枝梢基部的遮光叶片；第三次摘叶是在去掉内袋后7天摘掉挡光叶片，摘除部分中长枝中下部叶片。摘叶量一般控制在占总叶量的30%以内，或将树冠上部、外围果实5厘米以内和距下部、内膛果实10~12厘米的叶片摘除，摘叶时保留叶柄。通过摘叶可增色15%左右。

摘叶后5~6天，用手轻托果实，使其阴面转向阳面，同法

5～6 天后可继续转果，直至全面均匀着色；若是双果或相邻果，可一手托 1 个，向相反方向扭转。转果时应顺同一方向进行。当果实的向阳面着足然时，把果实背面转向阳面。

为促进果实着色，果袋去除后，可在树下铺设银色反光膜，以改善树冠内膛和下部的光照，增加树冠内的散射光，促进果实萼洼部位充分着色，从而能达到果实全面着色的目的，提高红色品种的着色程度，同时还可提高果实的含糖量，生产高档果品。

果实套袋后成熟期有所推迟，可根据市场需求安排劳力，分期分批除袋采收。

三、果树生长调节剂应用技术

（一）果树营养生长调节

植物生长调节剂能有效地调节和控制植物的营养生长，在延缓或抑制新梢生长、矮化树冠、控制顶端优势、促进侧芽萌发、促进或延迟芽的萌发、开张枝条角度、控制萌蘖的发生等方面有广泛的应用。

1. 延缓或抑制新梢生长，矮化树冠

目前，在生产上，主要应用多效唑来控制树体营养生长。多效唑对仁果类和核果类果树，以及葡萄等众多果树增色具有显著的作用。

（1）使用方式　多效唑可以叶面喷施、土施和树干涂抹，但采用不同方式施用后，多效唑对植物生长发育作用的早晚及其效果持续长短有很大的差别。叶面喷施多效唑 10～15 天对树体的抑制作用即表现出来，但抑制作用持续的时间短。使用相同剂量，土施对树体的抑制作用表现得时间要晚，但有效期要长得多，有的甚至长达 3～4 年之久。

（2）使用剂量　土施多效唑，一般每株需 1～4 克（纯量），叶面喷施时使用浓度为 500～2 000毫克/升。生长势强的品种施用多效唑的量相对较大。短枝型品种应用的量要少。树体生长势强应适当提高使用剂量。幼树以扩冠为主，使用量不宜过大。

（3）使用时期　叶面喷施多效唑应在新枝刚进入迅速生长期之前进行，但不能过早。土施时间最好在秋季。

2. 控制顶端优势，促进侧芽萌发

在初夏，叶面喷施6-苄基腺嘌呤100～500毫克/升可以促进新梢上侧芽萌发，并形成基角较大的副梢，也可以使已停长的短枝重新生长。以6-苄基腺嘌呤为主要成分的发枝素软膏，对于控制苹果、山楂等果树的顶端优势，促进侧芽萌发具有非常显著的效果。目前，在我国幼年果树上，尤其是幼年苹果树上获得了广泛的应用，对于促进幼树尽快成形和提早进入丰产期具有明显作用。

3. 促进或延迟芽的萌发

目前，生产应用打破芽休眠、促进芽萌发的生长调节剂是氰胺。在低温不足地区，用氰胺可以打破芽的休眠，使萌芽整齐，并促进花芽发育，明显地缩短花期。从目前众多的试验结果来看，核果类果树对氰胺较仁果类、葡萄和猕猴桃更敏感，打破休眠所需的浓度更低。在萌芽前3～5周施用氰胺，在桃、李、杏等果树上均能获得良好的效果，而在葡萄、猕猴桃、苹果和梨等果树上的适宜浓度一般为1.5%～2%。

桃产区常因花期前后低温引起花果受冻，导致严重减产。故在晚秋生长点即将进入休眠期前，喷施赤霉酸能延迟芽进入休眠，从而起到延迟开花的作用，且以落叶前3～4周叶面喷施100～200毫克/升的效果最为明显，能延迟开花3～7天。

（二）花芽分化调控

应用植物生长调节剂，可以抑制或促进花芽的分化，改变树体开花数量，对开某些雌雄异花的果树，生长调节剂可以改变雌雄花的比例，这对于克服果树生产的大小年现象具有重要作用。

1. 抑制花芽分化，减少花芽形成数量

在花诱导期喷施赤霉酸能显著地抑制苹果、梨、桃、柑橘等众多果树的花芽分化，大幅度减少第二年的开花数量。

在桃树上，当新梢生长到最终长度的60%～90%时，喷50～100毫克/升的赤霉酸，花芽形成数量可减少50%左右。苹果、梨对赤霉酸的反应与桃相似。

2. 增加花芽形成数量和改变花芽性别比例

在苹果、梨、桃、猕猴桃、杏、李、柑橘等果树上施用多效唑，不但可以抑制树体过旺的营养生长，同时，也促进花芽的形成。此外，细胞分裂素和乙烯利对花芽形成也有促进作用。在盛花后两个月内，连续5次叶面喷6-苄基腺嘌呤50毫克/升，短枝成花率较对照增加70%。6月中旬叶面喷施乙烯利500毫克/升也能明显促进大年红富士品种果树的成花数量。而以土施多效唑加叶面喷施乙烯利促进花芽形成的效果更突出。

（三）果实生长发育调控

植物生长调节剂调控果实的生长发育，在果树生产上具有很重要的价值。在这一领域的应用主要有诱导单性结实、促进果实膨大以及促进果实成熟等。

1. 诱导单性结实

在生产上通常使用赤霉酸诱导果树单性结实。使用植物生长调节剂诱导果树单性结实最成功的例子是葡萄。玫瑰露及巨峰葡萄使用赤霉酸诱导单性结实生产出无籽葡萄，可以增大果粒和增加穗重，并提前成熟，大大提高了产品的商品价值。使用时期为花前10天和花后10天左右各处理一次，使用浓度为50～100毫克/升。处理方法为浸蘸果穗4～5秒。

2. 促进果实膨大

花期使用6-苄基腺嘌呤100～200毫克/升，能明显地增加元帅系苹果的五棱凸起。使用复合制剂普洛马林的效果更好。普洛马林的使用浓度通常为1 000～2 500毫克/升，喷药时期在初花期至盛花期。

在无籽葡萄上喷施赤霉酸可以促进果粒的生长。在新疆已大面积使用赤霉酸生产优质无核白鲜食葡萄。一般分两次喷赤霉酸。第一次在落瓣30%～80%时喷赤霉酸，浓度为2.5～20毫克/升，第二次是在坐果期（即第一次处理后10～14天）。

3. 促进果实成熟

乙烯利对大多数果树的果实成熟具有促进作用。在葡萄始熟期喷乙烯利200～400毫克/升可使果实成熟期提早7～10天。

（四）生长调节剂在插条生根上的应用

使用吲哚乙酸或萘乙酸等生长素可以促进苹果、桃、葡萄、猕猴桃、柑橘等多种果树插条生根。用生长素处理插条的方法有3种：一是将插条放在较低浓度的生长素溶液中浸泡。使用溶度为20～200毫克/升，浸泡时间为几小时到1天。二是将插条基部在溶于50%酒精的高浓度的生长素溶液中短时间浸蘸，使用浓度一般为1 000～2 000毫克/升，浸蘸时间约为数秒。三是将插条基部浸蘸含有10 000毫克/升的高浓度生长素粉剂。

（五）生长调节剂的配制方法

植物生长调节剂大多数难溶于水，要根据不同生长调节剂的溶解性，加入少量的酸、碱或酒精完全溶解后，再加水定容到一定的浓度。具体配法如下。

吲哚乙酸、吲哚丁酸、萘乙酸，先溶于少量95%酒精，再加水定容到一定浓度。如果出产时已经是钠盐或钾盐，就可直接溶于水中。

赤霉素，先用少量95%酒精溶解，然后再用水稀释到所需浓度。

2,4-D，可用少量低浓度的氢氧化钠溶解后，再加水定容至一定浓度。

6-苄基腺嘌呤，可先溶于少量低浓度的盐酸中，再加水定容至一定浓度，也可用白醋代替。

药剂为溶液的，则可直接用水稀释，如40%乙烯利、40%矮壮素等。

第九章　北方常见果树生产技术

本章主要介绍苹果、梨、桃、葡萄 4 种北方常见果树生产技术，常规的建园定植、土肥水管理、整形修剪、疏花疏果、套袋增色、病虫害防治等措施参考前面内容，具体介绍 4 种果树的周年生产管理技术。

一、苹果生产技术

苹果原产欧洲中部、东南部，中亚及我国新疆，至今已有 2 000多年栽培历史。苹果外观艳丽、营养丰富、供应期长、耐贮藏，又有较广泛的加工用途，能满足人们对果品的多种需求。

（一）选用良种

目前，我国从国外引进和选育的栽培品种有 250 个，用于商品栽培的主要品种只有 20 个左右。早熟品种主要有：早捷、藤牧 1 号、新嘎拉、珊夏等；中晚熟品种主要有：元帅系、津轻、金冠、新乔纳金等；晚熟品种主要有：着色富士系、王林、澳洲青苹等。

（二）苹果周年生产技术

1. 萌芽期

（1）萌芽前整地、中耕除草。全园喷 1 次杀菌剂，可选用 10% 果康宝、30% 腐烂敌或腐必清、3 ~ 5 波美度石硫合剂或 45% 晶体石硫合剂。

（2）花芽膨大期，对花量大的树进行花前复剪；追施氮肥，施肥后灌一次透水，然后中耕除草。丘陵山地果园进行地膜覆盖穴贮肥水。

（3）花序伸出至分离期，按间距法进行人工疏花，同时，疏去所留花序中的部分边花。全树喷50%多菌灵可湿性粉剂（或10%多抗霉素、50%异茵脲）加10%吡虫啉。上年苹果棉蚜、苹果瘤蚜和白粉病发生严重的果园，喷一次毒死蜱加硫黄悬浮剂。

（4）随时刮除大枝、树干上的轮纹病瘤、病斑及腐烂病和干腐病和干腐病病皮，并涂腐殖酸铜水剂（或腐必清、农抗120、843康复剂）杀菌消毒。

2. 开花期

（1）人工辅助授粉或果园放蜂传粉，壁蜂授粉。

（2）盛花期喷1%中生菌素加300倍硼砂防治霉心病和缩果病；喷保美灵、高桩素以端正果形，提高果形指数；喷稀土微肥、增红剂1号促进苹果增加红色；花量过多的果园进行化学疏花。

（3）对幼旺树的花枝采用基部环剥或环割，提高坐果率。

3. 幼果期

（1）花后及时灌水1~2次。结合喷药，叶面喷施0.3%尿素或氨基酸复合肥、0.3%高效钙2~3次。清耕制果园行内及时中耕除草。

（2）花后7~10天，喷1次杀菌剂加杀虫杀螨剂。可选用50%多菌灵可湿性粉剂（或70%甲基硫菌灵）加入四螨嗪或三唑锡。花后10天开始人工疏果，疏果需在15天内完成。疏果结束后，果实套袋前2~3天，全园喷50%多菌灵可湿性粉剂（或70%代森锰锌可湿性粉剂、50%异菌脲可湿性粉剂）加入25%除虫脲或25%灭幼脲、20%氰戊菊酯。施药后2~3天红色品种开始套袋，同一果园在1周内完成。监测桃小食心虫出土情况，并在出土盛期地面喷布辛硫磷或毒死蜱。

（3）夏季修剪。应及时疏除萌蘖枝及背上徒长枝。对果台副梢和结果组中的强枝摘心，对着生部位适当的背上枝、直立枝进行扭梢。

4. 花芽分化及果实膨大期

（1）采用1∶2∶200波尔多液与多菌灵、甲基硫菌灵、代森锰锌等杀菌剂交替使用　防治轮纹病、炭疽病，每隔15天左右喷药1次，重点在雨后喷药。斑点落叶病病叶率30%~50%时，喷布多抗霉素或异菌脲。未套袋果园视虫情继续进行桃小食心虫地面防治，然后在树上卵果率达1%~1.5%时，喷联苯菊酯或氯氟氢菊酯或杀铃脲悬浮剂，并随时摘除虫果深埋。做好叶螨预测预报，每片叶有7~8头活动螨时，喷三唑锡或四螨嗪。腐烂病较重的果园，做好检查刮治及涂药工作。

（2）春梢停长后，全园追施磷钾肥，施肥后浇水，以后视降水情况进行灌水　覆盖制果园进行覆盖，清耕制果园灌水后及时中耕除草，生草剂果园刈割后覆盖树盘。晚熟品种在果实膨大期可追一次磷钾肥，并结合喷药叶面喷施2~3次0.3%磷酸二氢钾溶液。

（3）提前进行销售准备工作　早熟品种及时采收并施基肥。

（4）继续做好夏季修剪工作　山地果园进行蓄水，平地果园及时排水。

5. 果实成熟与落叶期

（1）采收前20~30天红色品种果实摘除果袋外袋，经3~5天晴天后摘除内袋　同时（采前20天），全园喷布生物源制剂或低毒残留农药，如1%中生菌素或百菌清或27%铜高尚悬浮剂，用于防治苹果轮纹病和炭疽病。树干绑草把诱集叶螨。果实除袋后在树冠下铺设反光膜，同时，进行摘叶、转果。秋剪疏除过密枝和徒长枝，剪除未成熟的嫩梢。

（2）全园按苹果成熟度分期采收　采前在苹果堆放地，铺3厘米细沙，诱捕脱果做茧的桃小食心虫幼虫。采后清洗分级，打蜡包装。黄色品种和绿色品种可连袋采收。拣拾苹果轮纹病和炭疽病的病果。

（3）果实采收后（晚熟品种采收前）进行秋施基肥　结合施基肥，对果园进行深翻改土并灌水。检查并处理苹果小吉丁虫及天牛。

（4）落叶后，清理果园落叶、枯枝、病果　土壤封冻前全园灌冻水。

6. 休眠期

（1）根据生产任务及天气条件进行全园冬季修剪　结合冬剪，剪除病虫枝梢、病僵果，刮除老粗翘皮、枝干病害的病瘤、病斑，将刮下的病残组织及时深埋或烧毁。然后全园喷1次杀菌剂，药剂可选用波尔多液、农抗120水剂、菌毒清水剂或3～5波美度石硫合剂或45%晶体石硫合剂。

（2）进行市场调查　制定年度果园生产计划，准备肥料、农药、农机具及其他生产资料，组织技术培训。

二、梨生产技术

梨原产我国，除海南省外全国各地都有栽培，在国内仅次于苹果与柑橘。

（一）梨园建立

1. 园地选择

梨园应选择较冷凉干燥，有灌溉条件交通方便的地方，梨树对土壤适应性强，以土层深厚，土壤疏松肥沃、透水和保水性强的沙质壤土最好。山地、丘陵、平原、河滩地都可栽植梨树，山区、丘陵以选向阳背风处最好。山地、丘陵梨园沿等高线栽植，定植前必须对定植行进行深翻改土，做好水土保持工程后再栽苗。

2. 授粉树配置

梨大多数品种自花不实，必须配置其他品种作授粉树，授粉品种应选择与主栽品种亲和力强、花期相同或相近、花粉量多、发芽率高，并与主栽品种互为授粉的优质丰产品种，一个主栽品种宜配 1～2 个授粉品种，比例为（3～4）：1。

3. 苗木定植

（1）定植时期　一般秋季 10 月定植最好，也可在春季梨苗萌芽前定植。

（2）栽植密度　采用高密度或超高密度乔砧密植。株行距（1～2）米×（3～3.5）米或（0.4～0.5）米×（3～4）米，亩栽 111～555 株。一般早中熟品种栽植密度大于晚熟品种。

（3）苗木准备　选用苗高 1 米以上，干径 1 厘米以上，嫁接口愈合良好，根系发达，无病虫害优质壮苗，苗木根系注意保湿。

（4）定植　在改土后定植行上挖穴，将苗木根系舒展均匀放于坑中，然后回填细表土，边填土边提苗，再踏实，使根系与土壤接触紧密，使嫁接口与土面水平，灌足定根水，待水渗下后，再盖一层干细土，用黑色塑料薄膜或稻草覆盖保湿。

（二）梨树周年管理技术

1. 休眠期

（1）制定果园管理计划　准备肥料、农药及工具等生产资料，组织技术培训。

（2）病虫害防治　刮树皮，树干涂白。清理果园残留病叶、病果、病虫枯枝，集中烧毁。

（3）全园冬季整形修剪　早春喷布防护剂等防止幼树抽条。

2. 萌芽期

（1）做好幼树越冬的后期保护管理　新定植的幼树定干、刻芽、抹芽。根基覆地膜增温保湿。

（2）全园顶凌刨园耙地，修筑树盘　中耕、除草。生草园准备播种工作。

（3）及时灌水和追施速效氮肥　宜使用腐熟的有机肥水（人粪尿或沼肥）结合速效氮肥施用，满足开花坐果需要，施肥量占全年20%左右。按每亩定产2 000千克，每产100千克果实应施入氮0.8千克，五氧化二磷0.6千克、氧化钾0.8千克的要求，每亩施猪粪400千克，尿素4千克，猪粪加4倍水稀释后施用，施后全园春灌。

（4）芽鳞片松动露白时全园喷一次铲除剂，可选用3～5波美度石硫合剂或45%晶体石硫合剂 梨大食心虫、梨木虱危害严重的梨园，可加放10%吡虫啉可湿性粉剂2 000倍液消灭越冬和出蛰早期的害虫及防治梨大食心虫转芽。在根部病害和缺素症的梨园，挖根检查，发现病树，及时施农抗120或多种微量元素。在树基培土、地面喷雾或树干涂抹药环等阻止多种害虫出土、上树。

（5）花前复剪 去除过多的花芽（序）和衰弱花枝。

3. 开花期

（1）注意梨开花期当地天气预报 采用灌水、熏烟等办法预防花期霜冻。

（2）据田间调查与预测预报及时防治病虫害 喷1次20%氰戊菊酯乳油3 000倍液或10%吡虫啉可湿性粉剂2 000倍液，防治梨蚜、梨木虱。剪除梨黑星病梢，摘梨大食心虫、梨实蜂虫果，利用灯光诱杀或人工捕捉金龟子、梨茎蜂等害虫。悬挂性诱捕器或糖醋罐，测报和诱杀梨小食心虫。落花后喷80%代森锰锌可湿性粉剂800倍液防治黑星病。梨木虱、梨实蜂严重的梨园加喷10%吡虫啉可湿性粉剂1 000～1 500倍液。

（3）花期放蜂、喷硼砂 人工授粉、疏花疏果。

4. 新梢生长与幼果膨大期

（1）生长季节可选用异菌脲可湿性粉剂1 000～1 500倍液等防治黑星病、锈病、黑斑病 选用10%吡虫啉可湿性粉剂2 000倍液或苏云金芽孢杆菌、浏阳霉素等防治螨类及其他害虫。及时剪除梨茎蜂虫梢和梨实蜂、梨大食心虫等虫果，人工捕杀金龟子。

（2）果实套袋　在谢花后15～20天，喷施1次腐殖酸钙或氨基酸钙，在喷钙后2～3天集中喷1次杀菌剂与杀虫剂的混合液，药液干后立即套袋。

（3）土肥水管理　树体进入“亮叶期”后施肥，土施腐熟有机肥水（人粪尿或沼液等）或速效氮肥，适当补充钾肥（如草木灰等），其用量为猪粪1 000千克、尿素6千克、硫酸钾20千克，并灌水。并根据需要进行叶面补肥。同时，进行中耕锄草，割、压绿，树盘覆草。

（4）夏季修剪　抹芽、摘心、剪梢、环割或环剥等调节营养分配，促进坐果、果实发育与花芽分化。

5. 果实迅速膨大期

（1）保护果实，注重防治病虫害　病害喷施杀菌剂，如1：2：200波尔多液、异菌脲（扑海因）可湿性粉剂1 000～1 500倍液等。防虫主要选用10%吡虫啉可湿性粉剂2 000倍液、20%灭幼脲3号每亩25克、1.2%烟碱乳油1 000～2 000倍液、2.5%鱼藤酮乳油300～500倍液或0.2%苦参碱1 000～1 500倍液等。

（2）追施氮、磷、钾复合肥（土施）　施入后灌水，促进果实膨大。结合喷药多次根外补肥。干旱时全园补水，中耕控制杂草，树盘覆草保墒。

（3）继续夏季修剪　疏除徒长枝、萌蘖枝、背上直立枝，对有利用价值和有生长空间的枝进行拉枝、摘心。幼旺树注意控冠促花，调整枝条生长角度。

（4）吊枝和顶枝　防止枝条因果实增重而折断。

6. 果实成熟与采收期

（1）红色梨品种　摘袋透光，摘叶、转果等促进着色。

（2）防治病虫害，促进果实发育　喷异菌脲可湿性粉剂1 000～1 500倍液，同时混合代森锰锌可湿性粉剂800倍液等。果面艳丽、糖度高的品种采前注意防御鸟害。

（3）叶面喷沼液等氮肥或磷酸二氢钾 采前适度控水，促进着色和成熟，提高梨果品种。采前30天停止土壤追肥，采前20天停止根外追肥。

（4）果实分批采收 及时分级、包装与运销。清除杂草，准备秋施基肥。

7. 采时后至落叶

（1）土壤改良，扩穴深翻，秋施基肥 每亩秋施秸秆2 000千克、猪粪600千克、钙镁磷肥30千克，加适量速效肥和一些微肥。土壤封前灌一次透水，促进树体安全越冬。

（2）幼旺树要及时控制贪青生长 促进枝条成熟，提高越冬抗寒力。

（3）叶面喷布5%菌毒清水剂600倍液加40%乐斯本乳油1 000倍液加0.5%尿素等保护功能叶片 树干绑草诱集扑杀越冬害虫。落叶后扫除落叶、杂草、枯枝、病腐落果等深埋或烧毁。树干涂白。

三、桃生产技术

桃原产我国黄河上游高原地带，已有4 000多年栽培历史。桃在我国分布区域很广，其中，以华北、华东地区栽培较多。

（一）品种合理搭配

搭配品种时应做好以下几点：一是选择外观美、品质好、商品价值高、丰产稳产的良种。二是要根据当地交通条件和市场需求情况，适当安排早、中、晚熟品种的比例。三是对自花授粉、坐果率低或花粉少的品种，要注意配植授粉树。四是土层较浅、肥水条件较差的地方，应选择适应性强的品种。五是开发特早熟或特晚熟的品种，以延长市场供应时间。

（二）桃周年管理技术

1. 休眠期

（1）冬季整形修剪。

（2）病虫害防治　清除枯枝、落叶、杂草；结合冬剪，剪除病枝、病果，刮老树皮，集中烧毁。萌芽前喷3~5波美度石硫合剂，防治红蜘蛛、桑白蚧及桃树病害。

（3）土肥水管理　一般在解冻后期芽前1~2周进行。全年施肥量一般按每生产100千克果实施纯氮0.7~0.8千克，五氧化二磷0.5~0.6千克，氧化钾1千克，施肥量以氮肥为主，施入全年氮肥施用量的1/3（在估产的基础上确定施肥量）。施肥后灌水。浇水后进行中耕，深度一般掌握在8~10厘米。

2. 萌芽、开花、展叶期

（1）病虫害防治　花芽露萼期喷10%吡虫啉可湿性粉剂1 000倍液防治蚜虫。结合喷药，可加入3%~5%的硫酸亚铁，防治桃穿孔病和缺铁失绿症。在4月、5月份经常检查树干，以防治桃红颈天牛。

（2）疏花　对于大久保、庆丰等坐果率高的品种，一般从花蕾期开始进行疏花。人工疏花方法为先疏去结果枝基部花，留中、上部花，中、上部则疏双花，留单花，预备枝上的花全部疏除。化学疏花一般于花开80%时喷0.5~0.8波美度的石硫合剂，2~4天后再喷1次，对白凤、大久保等品种具有良好的作用。石硫合剂疏花药效稳定，安全性高，又能起到防治病虫害的作用。

3. 幼果迅速生长期

（1）土肥水管理　生长衰弱的桃树在花后应施肥浇水，施肥以氮肥为主，用量为第一次施肥量的1/2。生长健壮的桃树在此期不施肥，只在春旱时灌水。灌水后进行中耕除草。

（2）疏果　坐果多的桃园，在花后1周进行第一次疏果，约留最后留果量的3倍。一般品种在花后3~4周，第二次落果后坐果相对稳定时进行，在硬核前完成。果实在树上的分配，一般长果枝上大型果留 1 ~2 个，中型果留 2 ~3 个，小型果留 4 ~5 个；中果枝上大型果留 1 个，中型果留 1 ~2 个，小型果留 2 ~3 个；短果枝上大型果每 2 ~3 个短果枝留 1 个果，中型果留 1 个果，小型果留 1 ~2 个果；预备枝不留果。疏果的方法是先疏萎黄果、小果、畸形果、并生果、病虫果、果枝基部果。

（3）夏季修剪　进行第一次和第二次夏剪。

（4）病虫害防治　5 月上旬喷 70% 甲基托布津可湿性粉剂 1 000倍液加 10% 吡虫啉可湿性粉剂 3 000倍液，防治疮痂病、桃穿孔病、蚜虫、梨小食心虫等病虫害。桑白蚧危害严重的桃园，可喷 0. 3 波美度石硫合剂。如遇多雨潮湿天气或病害较严重时，要增加喷药次数。同时，注意防治红颈天牛。5 月下旬至 6 月上旬防治桃蛀螟和其他病虫害。结合喷药可加入 0. 3% ~0. 5% 的尿素进行叶面喷肥。

4. 硬核期

（1）土肥水管理　6 月上中旬，正处于硬核期及花芽分化前，是需肥的关键时期。要注意氮、磷、钾配合施用。氮、磷、钾用量占全年施肥量的 1/3。这一时期桃树对水敏感，缺水和水分过多都易引起落果，要求灌水要适中，灌水后进行中耕除草。

（2）果实套袋　6 月落果后对中、晚熟品种进行套袋。纸袋色泽宜采用黄色或橘黄色，袋的种类有无底袋和有底袋两种，生产上多用无底袋，用无底袋可从袋口检查果顶部色泽变化情况来确定分批采收时间。

（3）病虫害防治　注意防治红颈天牛。7 月中下旬喷杀虫、杀菌剂防治桃蛀螟及其他病害。同时结合喷药，喷布 0. 3% ~0. 5% 的磷酸二氢钾。

（4）其他管理　对幼旺树进行第三次夏剪，对陆续成熟的早熟品种和中早熟品种，应及时采收。

5. 果实膨大期及成熟期

（1）果实采收　这一时期中熟品种和晚熟品种陆续成熟，要及时采收出售。

一般就地销售宜于八、九成熟采收；近距离外运可在七、八成熟采收。制罐用桃宜在七、八成熟采收。

（2）土肥水管理　7 月、8 月份是北方雨季，要注意排水，防止桃园积水。对中、晚熟品种果实采收后要进行补肥，以磷、钾肥为主配合氮肥。

（3）夏季修剪　幼旺树进行第四次夏剪。

6. 采收后至落叶期

（1）深翻施基肥　果实采收后在树冠外围挖深、宽各 60 厘米的沟进行深翻，并结合深翻基肥。一般每生产 100 千克果实，施优质有机肥 100 ~ 150 千克，同时，施入一定量的速效肥，施肥量占全年施肥量的 1/3。

（2）秋耕　在落叶前对全园进行秋耕。靠近树干周围宜浅，约 10 厘米，由内向外逐渐加深，外围一般为 20 ~ 25 厘米。

（3）灌冻水　冬初（11 月上旬）应灌一次冻水，以保持越冬水分的供应。

四、葡萄生产技术

葡萄原产黑海、里海和地中海沿岸，有 5 000 年栽培历史。葡萄具有早果丰产、优质高效、适应性强等栽培特点，可以采用露地生产、设施栽培、盆栽造型及庭院绿化等多种形式。

（一）品种选择

1. 苗木选择

苗木要求根系发达完好，无根瘤病和根结线虫病；苗木芽体饱满，有 3 个以上的饱满芽；粗度（根茎处）0. 8 厘米以上，嫁接口（嫁接苗）愈合良好；无枝干病害。建议采用脱毒苗木。

2. 品种选择

根据气候特点、土壤特点，结合品种的类型、成熟期、品质、耐贮运性、抗逆性等制订品种规划方案，同时，考虑市场、交通、消费和社会经济等综合因素。主要品种包括四倍玫香、兴华一号、青提、京秀等早熟品种和红地球、皇家秋天等中熟、晚熟品种。

3. 架式选择

埋土防寒地区多以棚架、小棚架和自由扇形篱架为主。不埋土防寒地区的优势架式有棚架、小棚架、单干双臂篱架和“高宽垂”T形架。

（二）葡萄周年生产管理技术

1. 树液流动期

（1）去绑绳、坚固或换铁丝　在出土上架之前，对葡萄架进行整理。彻底清除前一年的绑缚材料。对倾斜、松动的立柱必须扶正、埋实。及时补设锈断铁丝，用紧线器拉紧固定好拉线，为上架做准备。

（2）及时出土、松蔓上架　一般在当地山桃初花期或杏栽培品种的花蕾显著膨大期，对葡萄及时出土或撤除防寒物，枝蔓上架。出土时要求尽量少伤枝蔓。出土后应将主蔓基部的松土掏干净，然后修整好畦面。

（3）扒翘皮、刮病斑　在上架前应扒或刮掉老蔓上的翘皮和病斑，将刮下的病体收集好带出果园烧毁，以消灭越冬病原和虫卵，伤口可用5波美度石硫合剂涂抹，消毒保护。

（4）清园　消除冬季修剪遗留的残枝败叶、杂草、绑缚物等。

（5）土、肥、水管理　结合施“催芽肥”，视情况可对全园进行浅翻耕，深度一般为15～20厘米。也可通过开施肥沟，达到疏松土壤的目的。还可进行园地地面覆盖地膜、秸秆、稻草等。芽萌动前追施尿素、腐熟的人粪尿、碳酸氢铵等，配合少量的磷、钾肥，使用量占全年的10%～15%。可在萌芽前、后各灌水一次。萌芽前喷布3～5波美度石硫合剂加助杀剂1 000倍液，防治白粉病、介壳虫及其他越冬病虫菌源。萌芽后展叶前喷布0.5～2波美度石硫合剂铲除结果母枝上残存的越冬病虫害。

2. 萌芽与新梢生长期

（1）抹芽调整　在葡萄芽萌发后尚未展叶前，按照“去弱留壮、去晚留早、去密留单、去外留近、去夹留顺”的原则，抹去瘦弱芽、晚萌芽、多余芽及位置不当的芽，留下壮芽。抹芽宜早不宜迟，一般分2～3次进行，每次间隔为3～5天。

（2）定梢定果、引缚固定　定梢是抹芽的继续，当新梢长到15～20厘米时能辨别有无花序，可分清新梢强弱时进行。一般壮枝留1～2个花序，中庸枝留1个花序，延长枝及细弱枝不留花序。定梢定果后应及时布置架面引绑固定，防止风折。

（3）新梢摘心、去卷须　开花前7天左右至初花期对结果枝进行摘心，随枝梢生长及时去除卷须，新梢长到40～50厘米时进行引导和绑缚，整理架面，并及时处理副梢。

（4）土肥水管理　及时补充“花前肥水”。每公顷可施氮磷钾复合肥225～300千克，最迟在花前1周施入，追肥后灌水。及时中耕除草。中耕深度一般为5～10厘米，里浅外深，尽量避免伤害根系。缺锌或缺硼严重的果园，在花前2～3周，应每隔1周叶片追施锌肥或硼肥，以利正常开花受精和幼果发育。葡萄是喜钾植物，定期喷施0.3%尿素加磷酸二氢钾混合液，可促进幼叶等正常生长发育。

（5）病虫害防治　开花前主要防治对象是葡萄穗轴褐枯病、灰霉病、霜霉病、黑痘病、白粉病等病害及绿盲蝽、瘿螨等虫害。

3. 开花期

（1）花期放蜂　花期放蜂可有效提高坐果率，对授粉不良的品种和雌能花品种尤为重要。

（2）整理架面　开花前后进行夏剪时，进一步整理和绑缚新梢。随时去除所有新发生的卷须。

（3）花期喷硼　落花落果严重的品种，在开花前两周喷0.3%的硼砂，隔1周再喷一次，可提高坐果率。

4. 浆果生长膨大期

（1）架面整理　继续加强架面整理，改善树体通风透光条件，防止果实日灼。

（2）疏果、套袋　一般在盛花后15～25天疏果，最迟不能迟于30～35天。疏果完成后尽早套袋。

（3）环割或环剥　一般在结果枝或结果母枝上进行环割和环剥效果好。位置应放在花穗以下节间内进行。环割的间距为3厘米左右。环剥宽度3～6毫米。并用杀菌剂涂抹伤口后，再用黑色塑料薄膜包扎。

（4）土肥水管理　花后4～8天追施“壮果肥”，每亩施饼肥60～100千克，尿素15千克，钾肥10千克效果较好。施肥后灌水。着色期前后叶面喷施磷酸二氢钾，以促进果实和枝梢成熟。果粒开始膨大后，每10天喷1次3%～5%的草木灰和0.5%～2%的磷肥浸出液，或0.1%～0.3%尿素，或喷施0.2%～0.3%的磷酸二氢钾，连续喷施3～4次，对提高果实品质有明显作用。还可喷钙、锰、锌等微肥。同时，及时中耕，深度5～10厘米。如果葡萄行间种苜蓿、草木樨、三叶草等，必须适时进行割埋处理，以保证枝蔓的生长和果实的发育。

（5）加强病虫害防治，确保枝叶正常生长　重点防治黑痘病、霜霉病、褐斑病、炭疽病、白粉病、螨类、叶蝉、十星叶甲、透翅蛾等。进入6月之后，是葡萄霜霉病的高发期，也是炭疽病、白腐病等的感染时期，可间隔15～20天用杀菌药剂交替使用防治。

5. 浆果成熟期

（1）熟前追肥　在晚熟品种成熟前，要控氮肥，增磷、钾肥。可在开始着色期每亩施磷肥50千克、钾肥30千克，浅沟或穴施均可，施肥后覆土灌水，然后中耕保墒。同时，喷2~3次0.2%~0.3%的磷酸二氢钾或1%~3%过磷酸钙溶液以提高品质，连续喷2~3次氨基酸钙以提高耐贮运性。

（2）控制水分　中、晚熟品种此期应控制灌水。若遇连续干旱天气，应适当灌水。对果实已采收的早熟品种，在采后及时灌水。降雨较多时，山地果园注意蓄水，平地果园做好排水工作。

（3）去袋增色　无色品种不去袋，采收时连同果袋一同摘下。有色品种可在采收前10天左右将袋下部撕开，以增加果实受光，促进良好着色。另外，也可以通过分批摘袋的方式来达到分期采收的目的。若使用的纸袋透光度较高，能够满足着色的要求，也可不摘袋，以生产洁净无污染的果品。去袋后适当疏掉遮光的枝蔓和叶片，促进果实着色和新梢成熟。

（4）架面管理　及时处理结果枝、营养枝上的副梢，促进成熟，并继续绑蔓，防止风害。

（5）防治病虫鸟害　重点防治白腐病、炭疽病、霜霉病、褐斑病。需特别注意下部果穗发生白腐病。应交替使用杀菌剂。对于一些糖分含量高、颜色鲜艳的品种，如京秀等易受鸟害，必要时可张网保护。成熟时遇雨易裂果品种，可进行避雨栽培，防止裂果、染病。

（6）葡萄采收　鲜食品种主要依据生理成熟状况确定采收期，其标志是有色品种充分表现出该品种固有的色泽，无色品种呈黄色或白绿色，果粒透明状。同时，大多数品种果粒变软而有弹性，达到该品种的含糖量和风味时即可采收。外销或贮藏的可适当早采；酿造品种一般根据不同酒类所要求的含糖量采收，当该品种果实达到酿酒所需要的含糖指标、色泽风味即可采收；制汁、制干品种要求含糖量达到最高时采收。鲜食葡萄采收前10~15天停止灌水。选择每日清晨或傍晚时采收，同时，尽量留长穗轴，便于包装时拎提果穗，亦尽量不擦掉果粉。采收时用手指捏住穗梗，用采果剪紧靠枝条剪断，随即装入果筐。采下的葡萄放在阴凉通风处，及时进行分级、包装、贮运或加工、销售。

6. 新梢成熟及落叶期

（1）保护叶片，防止枝蔓徒长。

（2）深翻改土、秋施基肥　葡萄定植后的最初几年应结合深施基肥进行深翻改土。一般深翻 50 ~ 60 厘米。通常用腐熟的有机肥作为基肥，并加入少量尿素、过磷酸钙、硫酸钾等速效性肥料，在葡萄采收后及早施入。基肥施用量占全年总施肥量的 50% ~60%。基肥常采用沟施。

（3）灌水　深翻及施基肥后立即浇透水，使土壤与根系密切接合，促进肥料分解。

7. 休眠期

（1）冬季修剪　冬季修剪应在葡萄正常落叶之后 2 ~ 3 周内进行。但北方，由于秋天霜冻来得早，葡萄叶片来不及自然脱落便受冻干枯脱落，需及时修剪以确保土壤结冻以前进行埋土防寒。

（2）清园、消毒　清除葡萄园内的枯枝、落叶、僵果，集中深埋或销毁。喷 1 次 5 波美度石硫合剂消灭越冬菌源。

（3）越冬防寒　华北地区葡萄需要防寒越冬。在当地土壤封冻前 15 天开始埋土。埋土方式与厚度取决于当地气候条件。

（4）灌水　在土壤封冻前要灌 1 次封冻水，可以增加土壤水分，减少表土层的温度变幅，提高根系的抗寒性。

第十章　北方主要特色果树生产技术

北方果树除了苹果、梨、桃、葡萄等主要品种外，还有李、杏、猕猴桃、核桃、枣、樱桃、山楂、柿、石榴等特色果树品种。本章主要介绍李、杏、樱桃、枣、猕猴桃5种果树的周年生产管理技术。

一、李生产技术

李原产我国，距今已有3 000多年栽培历史，我国栽培李品种主要有：大石早生、长李15号、黑琥珀、锡姆卡、秋姬李等品种。其周年生产管理技术如表10－1所示。

表10－1　李周年管理技术一览表

物候期	管理要点
休眠期	①土肥水管理。土壤解冻后施肥浇水并中耕10厘米深，以氮肥为主，施肥量可参照桃。②病虫害防治。清洁果园；萌芽前喷5波美度石硫合剂。③其他管理。制定生产计划，准备生产资料，整形修剪等。霜冻严重的地区可在2月下旬喷稀盐水，提高花芽抗冻能力
萌芽开花期	①人工辅助授粉。②花期放蜂。③盛花期喷布0.3%硼砂+0.3%尿素+0.1%蔗糖混合液，落花期喷布0.2%磷酸二氢钾。④注意防霜。⑤病虫害防治。防治李实蜂、李小食心虫等地下越冬害虫。展叶后，如发现有李红点病，应及时喷布50%琥珀胶酸铜可湿性粉剂500倍液防治
幼果发育期	①土肥水管理。花后至麦收后注意浇水，并进行中耕除草，深度5～10厘米。对于树势较弱、花量大、结果多的树进行施肥。②夏季修剪。一是抹除过多的芽；二是疏除密生枝和内膛徒长枝；三是于5月下旬至6月上旬对背上枝进行摘心，培养结果枝组。③疏果。一般在花后20～30天和50～60天进行，生理落果轻、成熟早的品种可于花后30天一次完成。小型果品种，一般花束状果枝和短果枝留1～2个果，果实间距4～5厘米；中型果品种，每个短果枝留1个果，果实间距6～8厘米；大型果品种，每个短果枝留1个果，果实间距10～15厘米。除短枝外，中果枝留3～4个果，长果枝留5～6个果。④病虫害防治。主要防治蚜虫、梨小食心虫、桃蛀螟及各种病害

（续表）

物候期	管理要点
果实膨大期	①肥水管理。注意氮、磷、钾配合施用，最好施全效复合肥，具体施肥量可参照桃；进入雨季后注意排水。②中耕除草，果园覆盖绿肥或植物秸秆。③夏季修剪。疏除树冠中过密枝、徒长枝，对有空间的徒长枝，可回缩到分枝处，或拉平长放，改造成结果枝组。④病虫害防治。主要防治蚜虫、桃蛀螟、穿孔病等各种果实病虫害
采收至落叶期	①果实采收。要根据不同品种的采收期适时采收。就地销售的在8、9成熟时采收。远途运输的在7、8成熟时采收。②采后追肥。结果多的树采收后要进行补肥，这次施肥以磷、钾肥为主，适量施入氮肥。③深翻施基肥。采收后9月、10月份进行扩穴深翻50厘米深，施入腐熟有机肥50～100千克/株。同时全园深耕20厘米深。④病虫害防治。落叶后清除枯枝落叶和病果，并集中烧毁。⑤浇封冻水

二、杏生产技术

杏原产于我国，距今已有2 600多年栽培历史，我国栽培杏品种主要有：骆驼黄、串枝红、金太阳、凯特杏、华县大接杏等品种。其周年生产管理技术如表10－2所示。

表10－2　杏树周年管理技术一览表

物候期	管理要点
休眠期	①土肥水管理。土壤解冻后施肥浇水，盛果期株施尿素0.5～1千克。早春霜冻严重的地区7～10天后再浇一次水，以推迟花期，防止霜冻。②霜冻严重的地区于2月中下旬喷稀盐水，提高花芽抗冻能力。③病虫害防治。落叶后清洁果园；萌芽前喷5波美度石硫合剂，防治红蜘蛛、蚜虫、介壳虫、穿孔病、杏疔病等。④其他管理。制定生产计划，准备生产资料，整形修剪，树干涂白
萌芽开花展叶期	①3月上中旬花芽微露白时，喷石灰水或喷化学药剂推迟花期，预防霜冻。②盛花期喷硼砂和尿素、蔗糖混合液，提高坐果率。有条件的进行花期放蜂。③授粉条件不良时，花期进行人工授粉

（续表）

物候期	管理要点
坐果至果实成熟期	①花后喷赤霉素或硼酸溶液，提高坐果率。②病虫害防治。花后（5月上旬）喷80%多菌灵1 000倍液加25%灭幼脲3号1 500~2 000倍液加，防治杏疔病、穿孔病、蚜虫等病虫害。同时注意防治红颈天牛、桃蛀螟和其他病虫害。结合喷药进行叶面喷肥。③肥水管理。在硬核期，成龄大树株施尿素0.5~1千克、硫酸钾1千克、过磷酸钙1千克。果实膨大期株施钾肥0.5~1千克。施肥后浇水，并中耕除草。同时进行根外追肥。④幼旺树进行夏剪，主要对旺梢进行摘心。杏疔病发生的杏园，要结合夏剪摘除病梢
果实采收至落叶期	①果实采收。②土肥水管理。结果多的树采收后补肥。雨季及时中耕除草，并压绿肥，注意排水。9月、10月份进行深翻施基肥，每亩施腐熟有机肥2 000~3 000千克。同时施入适量的速效复合肥。在落叶前全园进行秋耕，靠近树干周围宜浅，约1厘米，外围一般为20~25厘米。11月上旬土壤结冻前浇冻水。③视病虫害的发生情况防治穿孔病和蚜虫。结合喷药进行叶面喷肥

三、樱桃生产技术

樱桃原产于我国及欧洲，是北方落叶果树中成熟期最早的树种，主要栽培品种有：红灯、大紫、拉宾斯、先锋、那翁、早红宝石等。其周年生产管理技术如表10-3所示。

表10-3　樱桃周年管理技术一览表

物候期	管理要点
休眠期	①树体保护。每月喷一次250~300倍羧甲基纤维素，防止冻害和抽条；芽膨大时，可普遍喷一次3~5波美度石硫合剂，消灭越冬病虫害。②整形修剪。冬季修剪主要是疏掉过密枝、病虫枝，适当调整树形，对结果枝组进行更新复壮。对一年生枝短截注意：一是对中心延长枝适度短截，配合发芽前刻芽；二是对拉开角的主枝延长枝一般不短截；三是对冠内的叶芽、花芽混生枝，应在花芽前留2~3个叶芽短截，不要齐花剪。③土肥水管理。早春树干基部培土30厘米左右；萌芽前追施氮肥，一般初结果树每株施1~2千克，追肥后灌水，地表稍干时中耕浅锄

（续表）

物候期	管理要点
萌芽、开花期	①化学调控。在盛花期及盛花后10天，连续喷布2次20～80毫克/升的赤霉素液，以提高坐果率。②花期疏花。疏蕾一般在开药前进行，主要疏除树冠内膛细弱枝上的花及多年生花束状枝上的弱质花、畸形花。每个花束状果枝留2～3个花序。③果园放蜂。每6～10亩园内放养1箱蜜蜂，或在花前1周左右每亩投放100～200头角额壁蜂。④人工授粉。⑤土肥水管理。花期喷0.1%～0.2%硼砂或0.3%～0.4%磷酸二氢钾；在易发生晚霜的地方，开花前喷1次水，推迟花期，灌水后及时松土保墒
果实发育期	①花后疏果。在4月底樱桃生理落果后进行。一般一个花束状果枝留3～4个果实即可，最多4～5个。疏除小果、畸形果和着色不良的内膛果和下垂果，保留横向及向上的大果。②果实增色。在果实着色期，将遮挡果实光线的叶片摘除；同时在果实采收前10～15天，铺设银色反光膜。③夏季修剪。应增加摘心次数；对新生直立枝进行扭梢。④肥水管理。坐果后，4～5年生结果树每株施腐熟鸡粪25千克。从硬核期开始间隔7～10天喷施300倍的氨基酸钙2～3次，防止采前裂果。⑤病虫害防治。防治花蚧、流胶病；近成熟时，采取综合措施预防鸟害。⑥果实采收。就地鲜食的樱桃，应在果实充分表现出本品种的性状时采收；外销或罐藏的比当地鲜食樱桃提早5～7天；用作当地酿酒的，要待果实充分成熟时采收
果实采后期	①肥水管理。果实采收后，正值花芽分化重要时期，应及时施肥灌水。对盛果期大树，株施30～50千克人粪尿，在树盘内再均匀撒施尿素和过磷酸钙各0.5～1.0千克，浅锄树盘后立即浇水。樱桃采收后可结合病虫害防治先喷施1次0.3%的尿素，20天左右视树势再喷1次，后期叶面喷肥应以磷、钾肥为主，可在7月、8月、9月各喷1次0.3%的磷酸二氢钾。6月以后视墒情及时灌水，防止干旱。进入雨季要及时排水。②夏季修剪。采果后及时将过高、过密的背上枝及部分过密的结果枝组疏除。将临时结果枝、下垂枝及外围过密枝疏除。对形成光腿的结果枝应一律回缩到叶芽处，控制结果部位外移，对前期内膛枝继续摘心，回缩后萌发的新梢如有空间可反复摘心，培养小型结果枝组，外围新梢长到40厘米时摘心。③病虫害防治。6月下旬防治穿孔病以及早期落叶病；7月上旬防治桑白蚧第二代若虫；6月底和7月中旬防治舟形毛虫及刺吸式害虫
落叶期	①清理果园。落叶后，及时清扫果园，将枯枝、落叶集中深埋或烧毁，消灭越冬病虫害。②土壤封冻前可灌1次透水，以防冬春土壤干旱，避免枝芽冻旱死亡

四、枣生产技术

枣原产于我国，距今已有 3 000 多年栽培历史，我国栽培枣品种主要有：金丝小枣、相枣、赞黄大枣、梨枣、冬枣、灰枣等品种。其周年生产管理技术如表 10－4 所示。

表 10－4　枣园周年管理技术一览表

物候期	管理要点
休眠期	①防治病虫害。一是落叶后解除草把，剪除病虫死枝，清扫枯枝落叶，并集中烧毁。二是刨树盘，捡拾虫茧、虫蛹。三是刮树皮并收集粗皮烧毁或深埋。四是萌芽前全园喷布 3～5 波美度石硫合剂后给枣树缠塑料带、绑药环。②土肥水管理。落叶后进行深翻，深度为 10～30 厘米；然后在土壤封冻前灌冻水；春季土壤解冻后、枣树萌芽前每株追施纯氮肥 0.4 千克，锌铁肥 0.25～0.75 千克，施肥后灌水。③其他管理，包括制定生产计划，准备生产资料，整形修剪，在封冻前和解冻后分别进行树干涂白
萌芽、新梢生长期	①抹芽。当芽长到 5 厘米时，将无用芽、方向不合适的芽抹去。②追肥。开花前每株追施纯氮肥 100 克左右，配适量磷肥。③病虫害防治。萌芽时防治枣瘿蚊、枣芽象甲。萌芽后和抽枝展叶期施药防治多种害虫，同时用黑光灯诱杀黏虫成虫
开花坐果期	①夏季修剪。当新梢枣头长到 35 厘米左右时，进行摘心或疏枝处理。枣园开甲。②枣园放蜂。③肥水管理。少量灌水。傍晚或清晨喷水。用 15～20 毫克/升的赤霉素加磷酸二氢钾水溶液混合喷施 1～2 次。④病虫害防治。防治桃小食心虫。开花前期防治枣壁虱、红蜘蛛、枣黏虫。开花期防治桃小食心虫、枣黏虫、红蜘蛛、龟蜡蚧、炭疽病、锈病、枣叶斑点病等
幼果发育期	①栽培管理。7 月上旬进行疏果。疏果后追肥，每株穴施氮磷钾复合肥 1 千克。干旱时及时浇水，预防裂果。结合喷药施叶面肥。喷 0.3% 氨基酸钙防止裂果。②病虫害防治。7 月初，防止桃小食心虫，兼治龟蜡蚧若虫。同时，用黑光灯诱杀豹蠹蛾成虫。7 月下旬防治棉铃虫、枣锈病、枣叶斑点病、炭疽病等。7 月下旬防治枣锈病、枣叶斑点病、黄斑蝽、炭疽病

（续表）

物候期	管理要点
果实膨大期	①土肥水管理。中耕除草和翻压绿肥作物；根据品种生长期在8月下旬至9月上旬，结合浇水适量追施磷钾肥或多元素复合肥，每株1千克左右。结合病虫害防治，喷施0.3%磷酸二氢钾，或0.3%的尿素。喷800倍氨钙宝防止裂果。②病虫害防治。8月初喷1次1∶2∶200波尔多液。并防治缩果病。8月中旬，防治斑点病等早期落叶病及果实病害。9月份防治枣锈病、炭疽病、缩果病、桃小食心虫、龟蜡蚧等。③其他。采收白熟期枣加工蜜枣。9月上旬于树干、大枝基部绑草把，诱集害虫，集中烧毁
采收及落叶期	①土肥水管理。鲜食枣采前10天喷0.3%的氯化钙，以提高果实硬度。果实全部采收后，立即施基肥，株施50～100千克腐熟有机肥，加磷酸二铵或果树专用肥0.5～1千克，施肥后灌水。可结合施肥，进行枣园深翻。土壤封冻前灌冻水。②采收。采收白熟期枣加工蜜枣。采收脆熟期枣加工酒枣。制干枣在果皮深红、果实富有弹性和光泽的守熟期振落采收。③病虫害防治。采时后树体施药，及时捡拾病虫果，集中烧毁

五、猕猴桃生产技术

猕猴桃原产于我国，距今已有1 200多年栽培历史，我国栽培猕猴桃品种主要有：秦美、金魁、华美2号、海沃德、翠玉、魁蜜、金丰、庐山香、沁香等品种。其周年生产管理技术如表10－5所示。

表10－5　猕猴桃园周年管理技术一览表

物候期	管理要点
休眠期	①整形修剪。从落叶后到伤流前进行。结果树调整骨架上侧蔓和结果母枝，确定结果母枝数量和芽数，更新结果母枝；衰老树根据程度进行更新修剪。萌芽前整修架面，上架绑蔓。②病虫害防治。树盘表土深翻15厘米左右，消灭越冬象甲、金龟子和草履蚧卵块。结合冬剪，清洁果园。及时喷施5波美度的石硫合剂。③肥水管理。施速效肥，幼树每亩施入15千克，成年树30千克，加硼砂5～10千克。追肥后灌水

（续表）

物候期	管理要点
萌芽、新梢生长期	①整形修剪。及时抹除砧木的萌蘖，主干、主蔓上长出的过密芽，直立向上徒长的芽，结果母枝或枝组上密生的、位置不当的、细弱的芽，双生、三生芽（只留1个），然后确定结果枝留量，新梢长到30～40厘米长时开始绑枝，开花前10天进行摘心，徒长枝如作预备枝留4～6叶摘心，可促发二次枝；发育枝可留14～15叶摘心；结果枝常从开花部位以上留7～8片叶摘心。摘心后的新梢先端所萌发的二次梢一般只留1个，待出现2～3片叶后反复摘心，或在枝条突然变细、叶片变小、梢头弯曲处摘心。②肥水管理。叶片展开时，喷施1～2次0.3%的尿素，花前灌一次水。③病虫害防治。黑光灯、糖醋液等诱杀金龟子等害虫。防治花腐病、干枯病、花腐病、溃疡病、褐斑病等病害，防治介壳虫、白粉虱、小叶蝉等害虫
开花期	①疏花蕾。侧花蕾分离后2周开始疏蕾，强壮长果枝留5～6个花蕾，中庸果枝留3～4个花蕾，短果枝留1个花蕾。疏除时应保主花疏侧花。②花期放蜂，人工授粉。15%以上雌花开放时，每亩可设置蜂箱1～2个。③肥水管理。开花期喷施0.5%硼砂加0.5%磷酸二氢钾。④病虫害防治。防治金龟子、白粉虱、小叶蝉等害虫；防治花腐病、黑星病、褐斑病等病害
果实发育期	①蔬果。坐果后1～2周内完成。一般短缩果枝上的果均应疏去，中、长果枝留2～3个果，短果枝留1个或不留；徒长性结果枝上果个大，留4～5个。使叶果比达到（5～6）：1。②整形修剪。5～6个月对结果枝和生长中庸健壮的营养枝摘心，生长瘦弱的营养蔓和向下萌发的枝、芽应及时抹除。7月上中旬对二次梢再次摘心，同时疏除荫蔽枝、纤细枝、过密枝，并结合修剪进行绑蔓。8月中上旬对三次枝梢摘心。③肥水管理。在落花后20～30天施硫酸钾每亩30～40千克，9月中上旬追施纯钾肥或磷钾复合肥每亩30千克，施肥后灌水。果实膨大期每3天喷0.3%～0.5%磷酸二氢钾1～2次
果实成熟和落叶期	①采收。采用树体喷布50毫克/升的乙烯利催熟。可溶性固形物含量在12%～18%时采收，用于及时出售；9%～12%时采收，可用作短期贮藏；6.1%～7.5%时采收，用于贮藏。②催熟。采后用400倍的乙烯利喷布果实，或贮藏前用500倍乙烯利浸果数分钟，晾干后贮存。③肥水管理。采果后结合深翻改土施入有机肥，根据果园土壤养分情况可配合施入磷、钾肥，每株幼树有机肥50千克，加过磷酸钙和氯化钾各0.25千克；成年树进入盛果期，每株施厩肥50～75千克，加过磷酸钙1千克和氯化钾0.5千克。施肥时，离主干50厘米处开20厘米深沟，施后覆土，并及时灌水。④病虫害防治。防治蛾、螨等害虫；50%退菌特湿性粉剂800倍液防治溃疡病、花腐病等病害；用套袋、黑灯光或糖醋液（1:1）诱杀防治吸果夜蛾

第十一章　北方主要设施果树生产技术

一、葡萄设施栽培技术

（一）葡萄设施栽培概述

葡萄是深受市场欢迎的浆果类果品。由于早果丰产性强，又能一年多次结果，且品种资源极为丰富，采用促成栽培和延迟成熟设施栽培，可取得较高的经济效益。适于保护地促成栽培的品种有紫珍香、京秀、无核白的鸡心、大粒山东早红、巨峰、香妃等品种。适于延迟栽培的品种有红地球、黑大粒、秋黑等品种。

葡萄设施栽培制度分为一年一栽制和多年一栽制。前者是采用一年生苗，第二年结果，果实采收后更新，重新定植培育好的一年生新苗。这种栽植模式果实质量好、丰产，但育苗成本大。后者是在苗木定植后，采用修剪的方法更新植株，保持多年结果，生产上现在大多采用这种栽植制度。

葡萄设施生产中采用的架式与整形修剪方式，与设施类型和栽植方式有关，常配套形成一定组合。栽植方式有单行栽植和双行栽植，生产上多采用双行带状密植方式，南北行向。其常见树形有双篱架单蔓整形短梢修剪和小棚架单蔓整形长梢修剪两种。

（二）设施葡萄栽培周年管理技术

1. 休眠期管理

主要是扣棚和修剪。葡萄一般在 0～5℃ 的低温条件下，经过 1 个月左右即可完成自然休眠期，即落叶后至 12 月下旬。采用设施栽培以促进葡萄早成熟的，在自然休眠结束后即可盖棚和加温。对日光温室和塑料大棚，需等气温达到一定高度再盖棚，才能起到促进生长的作用。山东、河北一带可在2月下旬至3月上旬盖棚，其他地区可根据当地气温回升情况，提早或延迟盖棚时间。

葡萄的修剪在降霜后进行，篱架的结果母枝剪留1.5米左右，棚架根据行间的架面宽度确定结果母枝的剪留长度。修剪后清理温室，灌一次越冬水，地面略干后即可扣棚。

2. 催芽期管理

（1）升温日期的确定　葡萄的自然休眠期较长，完全通过自然休眠一般需要1 200～1 400小时低温量。一般加温温室从1月中旬左右开始上架升温，不加温日光温室从2月中旬左右开始升温，经30～40天葡萄即可萌芽。塑料大棚因无人工加温条件，萌芽期随各地气温而不同。升温催芽不能过急，要使温度逐渐上升，温度过高时采取通风降温办法。

（2）温湿度管理　在葡萄上架揭帘升温第一周，设施内白天应保持20℃左右，夜间10～15℃，以后逐渐提高，一直到萌芽时，白天保持25～30℃，夜间15℃，升温催芽后，灌一次透水，增加空气和土壤湿度，使空气相对湿度保持在80%～90%。

3. 新梢生长期管理

（1）温湿度管理　为保证花芽质量，控制新梢旺长，白天温度控制在25～28℃，夜间温度维持在10～15℃，空气相对湿度控制在60%～70%。

（2）树体管理　主要任务是控制新梢密度，防止新梢徒长。篱架葡萄，离地面50厘米以内不留新梢，新梢长到4～5片叶时，主蔓上每隔20米选留一个健壮新梢，每株最多留5～6个。而棚架葡萄，水平架面的主蔓上每隔20～25厘米留一个新梢，每平方米的架面上留8～10个新梢。结果枝留穗密度控制在8～10个/平方米，其上着生花序采取“强2壮1弱不留”原则，多余的花序及早疏除。生长季其他修剪措施参照露地进行。

（3）肥水管理　开花前1周，每株施氮磷钾复合肥50～100克，或每畦施腐熟的粪水15千克，追肥后浇1次水。对于容易落花落果的巨峰等品种，花前不宜追施氮肥，而应在花后尽早施用。为了满足光合作用的需要，提高二氧化碳的浓度，可在温室中葡萄新梢长15厘米时开始，每天日出后1小时中午利用二氧化碳的发生器释放二氧化碳，连续进行30小时，使温室内二氧化碳浓度维持在1 000毫摩尔/升左右，能显著增加果实产量，果实的可溶性固形物含量提高，成熟期一致。

（4）病虫害防治　新梢生长期至开花前，每隔10天喷1次800～1 000倍甲基托布津或800倍大生M-45。

4. 开花期管理

主要是确定负载量和进行温湿度管理。设施葡萄的结果量，以每亩控制在1 500～2 000千克为宜。此期对温度极为敏感，白天尽量增加日照升温，保持28℃左右，夜晚16～18℃。花期应控制灌水，湿度不可过大，相对湿度应保持在50%～60%。

5. 果实发育期管理

（1）温湿度管理　坐果后为促进幼果迅速生长，可适当提高温度，白天保持25～28℃，夜间18～20℃。此期白天设施外温度较高，内部常出现高温现象，当温度超过32℃时要注意放风降温。果实着色期白天温度28℃，夜间温度控制在15℃左右，增加温差，有利促进着色。空气相对湿度控制在50%～60%。

（2）新梢管理　与果穗对生的副梢以及果穗以下的副梢全部去掉，同时要去掉全部的卷须。果实着色前剪除不必要的枝叶，促进果实着色和成熟。另外，在浆果着色时，对主蔓、结果枝基部环割，可促进浆果上色和成熟。

（3）果穗管理　在果实发育期内，疏除过小的果粒，使果穗整齐，一般大穗留80～100粒，中午穗留60粒，小穗40～50粒，并将花序整成圆锥形。

（4）肥水管理　幼果膨大期，追一次氮、磷、钾比例为2：

1∶1 的复合肥，每株 50 克左右。果农采收前 30 天，追一次以磷、钾为主的复合肥，每株 30～50 克。这期间要进行根外追肥 3～4 次，主要是稀土微肥和光合微肥。

（5）病虫害防治　保护地条件下，葡萄的病虫害主要是幼穗轴腐病、白腐病、褐腐病、霜霉病等。

（6）果实采收　根据市场需求和果实成熟情况，及时采收。

6. 果实采收后管理

果实采收后，即可撤除棚膜，实行露地管理。

（1）采收后修剪　篱架葡萄在采收后及时将主蔓在距地面 30～50 厘米处回缩，促使潜伏芽萌发，培养新的主蔓。棚架葡萄如采用长梢修剪，可将主蔓回缩到棚架和篱架的交界处。主蔓回缩后大约 20 天萌发新梢，选留 1 个按露地要求管理。

（2）肥水管理　修剪后每株施 50 克尿素或 100～150 克复合肥，施肥后灌水。9 月沟施有机肥，每株施基肥 10 千克，在基肥中加入磷酸二铵（0.1 千克/株）和硫酸钾（0.1 千克/株），并浇足水。

（3）病虫害防治　前期可喷布一次石灰半量式波尔多液 200 倍液防治，后期从 7 月初开始每隔两周喷 1 次等量式波尔多液，共喷 2～3 次。

二、桃设施栽培技术

（一）桃设施栽培概述

桃是人们喜食的果品之一。由于桃以鲜食为主，在露地条件下成熟期集中，且耐贮运性差，因而一年中大部分时间为淡季。进行促成栽培，采收期可提前 80～100 天上市。另外，桃本身树体较矮小，早果、丰产性强，是最具设施栽培价值的树种之一。

用于桃设施栽培的设施主要有防雨棚、薄膜日光温室、塑料大棚，生产上多进行促成栽培。薄膜日光温室和塑料大棚是桃树设施栽培的主要设施，又有加温和不加温两种栽培方式。

桃设施栽培应选择需冷量低、树体紧凑矮化、抗逆性强的品种，并在成熟期上具有提早或延迟的优势。我国设施栽培的早熟水蜜桃品种有纯蕾、早花露、雨花露、早魁、北农早蜜等，油桃品种群中可选择中油4号、早红2号、五月火、阿姆肯、早美光、早红球、早红宝石、早红霞、丹墨、艳光、华光和曙光等，蟠桃品种群中的早露蟠桃、新红早蟠桃、早黄蟠桃等也可用于设施栽培。加温栽培以中晚熟类型的麦香中熟、庆丰、川中岛、冈山白、白凤等品种为主。

设施栽培常用的树形有开心形、“Y”字形和纺锤形。在日光温室的南部2～3株常采用主干较矮的开心形，北部空间较大多采用树体较高的纺锤形，而当栽培密度较大时常用“Y”字形。各树形的结构与露地栽培相似，但干高可比露地适当降低。

（二）桃设施栽培周年管理技术

1. 定植当年管理技术

采用前期促长，后期控势，实现当年成花，翌年结果。

（1）前期促长　苗木定植后，要及时检查成活并补栽。4月末至5月初气温上升到15～22℃，新梢开始生长，每10天追一次速效肥（尿素和磷酸二氢钾），共施4～5次。每7～10天结合喷药进行叶面追肥，常用0.3%尿素+0.3%磷酸二氢钾+0.2%光合磷肥。施肥后浅灌水并及时松土。在新梢长到30厘米时，选3～4个新梢摘心促发二次枝，其余新梢全部拿平做辅养枝。

（2）后期控势　进入7月以后，当骨干新梢长度平均达50厘米左右，干径达1.8厘米以上时，每20天追肥一次，施肥种类以磷钾肥为主，少施氮肥，适当控水；及时拉枝，开张角度，缓和树势，选留的骨干枝拉至50°～60°，其他辅养枝拉平，拉枝后每15天左右喷一次多效唑，连喷3次，浓度分别为300倍、200倍和150倍。通过以上措施缓和树势、促进成花。有了理想的树势与足量的花芽，即可保证定植当年实行设施栽培。

2. 适时扣棚

山东胶东地区正常年份一般12月下旬到翌年1月上旬冬暖棚扣棚，盖帘春暖棚可在1月下旬到2月上旬扣棚，简易不盖帘春暖棚可在2月中下旬扣棚。当自然条件不能及时通过自然休眠或者为了提早扣棚升温，可以采取提前扣棚降温法打破休眠；在落叶后，外界日平均气温降到10℃以下时，白天盖草苫，晚上揭草苫，使棚内湿度保持0~7℃，集中处理20~30天，大多数桃品种都可提前通过自然休眠，达到提早扣棚升温的目的。如保护栽培的规模较大，则可分期扣棚，使果实分期成熟，有计划地延长鲜果供应期。

扣棚前喷施1次波尔多液，防治细菌性穿孔病、介壳虫、红蜘蛛等病虫害。

3. 催芽期管理

主要任务是升温降湿，升温是为了促进萌芽，降湿是为开花授粉创造条件。升温前要灌1次透水并全园覆膜。升温要平缓，切忌突然升温。升温一般分3个阶段。

第一阶段：白天只拉起少量草苫，透进少量阳光升温，棚室内白天13~15℃，夜间6~8℃，10厘米深的土层温度13~15℃，持续7天。

第二阶段：拉起一部分草苫，全部草苫都卷起前沿，室温白天16~18℃，夜间7~10℃，地温14~20℃，持续7天。

第三阶段：拉起多数草苫，经常开天窗换气，室温白天20~23℃，夜温7~10℃，地温14~20℃，大约持续20天即可萌芽。此阶段棚室内的相对湿度控制在70%~80%。

萌芽前全株均匀喷布3~5波美度的石硫合剂，减少病菌浸染源和害虫越冬基数。

4. 开花期管理

开花期是桃树对温度最敏感的时期，此期夜间温度不能低于

5℃，最好维持在8～10℃，白天温度控制在18～22℃，空气相对湿度保持在40%～50%。遇寒流要采取人工加温措施，防止低温冻害。花前、花后10天各喷1次10%吡虫啉可湿性粉剂1 500～2 000倍液防治蚜虫，每次喷药配合甲基托布津或代森锌等杀菌剂。

5. 果实发育期管理

（1）温湿度管理　果实发育前期，白天温度控制在20～28℃，夜间不低于5℃，相对湿度不高于70%。果实着色至成熟期，白天控制在22～30℃，夜间以15～17℃为宜，昼夜温差保持在10℃，相对湿度为60%。因此，应注意白天放风。一般每天从9：00打开通风窗或“扒颖”通风，16：00以后封闭保温。

（2）果实管理　疏果分两次进行，第一次在落花后两周左右进行，当果实蚕豆大小时，疏掉发育不良的小果，双果和过密果，优选保留两侧果，疏除背上果。第二次在落花后4～5周进行，长果枝留3～5个，中果枝留2～3个果，短果枝留1～2个果，延长枝上一般不留果，大型果品种少留，小型果品种多留。总的原则是疏小留大，疏内留外，疏上留下，疏劣留优，壮树多留，弱树少留。果实开始着色时，在墙体和树下铺反光膜和摘叶，改善光照，促进着色。当果实底色由白或乳白表现出固有底色和风味时，按成熟期分批采收。采摘时间以早上或傍晚温度较低时为好。采果的同时将结果节位上的新梢留3～4节短截，为下部果实打开光路。

（3）整形修剪　以控长和通风透光为目的，及时疏除部位不合理的新梢，结合疏果，及时疏除或回缩过密枝和部分无果枝；对部分旺长新梢应在木质化前摘心或扭梢。

（4）肥水管理　追施分两次，一次是稳果肥，每株追尿素30克和磷酸二氢钾30克；另一次是膨大肥，施桃树专用肥每株200～300克和硫酸钾30克。施肥时要开沟或挖穴施入，覆土厚度不少于10厘米，不宜地面撒施，以免氨气挥发引起中毒。每次追肥后及时灌水。

6. 果实采收后管理

（1）采收后修剪　主要内容是调整树形，更新枝组和重截新梢，培养结果枝。

（2）肥水管理　由于结果和修剪，树体贮藏养分消耗很大，应加强肥水管理恢复树势。修剪后株施复合肥 150 ~ 250 克，施后全园灌透水。9 月中下旬施基肥，每亩施入腐熟有机肥 3 000 ~ 5 000千克，同时，混合施入硫酸钾 50 千克、磷酸二铵 50 千克、尿素 30 千克，施后浇透水。扣棚前 20 天浇透水，全园覆盖地膜。

三、草莓设施栽培技术

草莓生产周期短，在培育壮苗、土壤消毒、施足基肥、合理栽植的基础上，在生产周期中重点抓好以下技术。

1. 扣棚保温和地膜覆盖

适时扣棚保温是草莓保护地栽培技术中的关键。促成栽培在外界夜间气温降到 8℃左右时开始保温。北方 10 月下旬为保温短期。半促成栽培的保温应根据品种休眠期长短，当其在自然条件下通过休眠后进行。一般在 12 月中旬至次年 1 月上旬。

扣棚后大约 10 天左右覆盖地膜，以提高土温、促进肥料分解、防止肥水流失及病虫害发生，选用黑地膜或黑白双色两面膜。铺膜后立即破膜提苗，使其舒展生长。

2. 温湿度管理

（1）顶花序显蕾前　为防止草莓进入休眠，保温初期，温度宜高。一般白天控制在 28 ~ 30℃，最高不能超过 35℃，夜间温度 12 ~ 15℃，最低不能低于 8℃。空气相对湿度控制在 85% ~ 90%。

（2）开花期　开花期对温湿度要求比较严格。一般白天控制在22～25℃，最高不能超过28℃，夜温10℃左右为宜，不超过13℃，不低于8℃。室内相对湿度控制在40%左右为宜。

（3）果实膨大和成熟期　此期受温度影响较大，温度过高，果实发育快，成熟早，但果实变小，商品价值降低。适合的温度是白天20～25℃，夜间6～8℃。空气相对湿度60%～70%。

3. 赤霉素处理

在草莓促进栽培中，赤霉素可促使花梗和叶柄伸长，增大叶面积，能防止植株休眠。喷施浓度为5～10毫克/升，共喷施两次，第一次在扣棚后1周，刚长出新叶时，第二次与前一次相隔10～15天，喷施时以苗心为主，每株5毫升药液，喷施剂量要严格掌握，过多则植株旺长，坐果率低，畸形果多。过少则无效。

4. 肥水管理

在定植时施足基肥的前提下及时追肥。肥料以复合肥为主，氮、磷、钾含量各15%，每亩用量20千克，最好配成0.2%的肥水追施，第一次追肥在顶花序显现至开花前；第二次在果实膨大转白期；第三次在顶花序果实采收后，以后每隔20天追肥一次。

草莓需水量大，以保持田间持水量的60%～80%为宜，一般早晨叶缘不吐水时就应浇水。浇水方法采用滴灌或者膜下暗灌。

5. 辅助授粉

可采用放蜂和人工辅助授粉。蜂箱于草莓大量开花前1周左右放入棚内，置于温室西南角，距地面50厘米，箱口向着东北角。开花期中午11：00～12：00花药开裂高峰期，采取毛笔点授和人工微风（用扇子等）进行人工辅助授粉。

6. 植株管理

一是及时摘除病叶、黄化老叶、匍匐茎和结果后的花序。二是及时疏除多余的腋芽。应在顶花序抽出后，保留1～2个方位好而壮的腋芽。三是疏花疏果。一般每花序只留 1～3 级次的果，即每花序留果 7～12 个，并进行垫果。

7. 病虫害防治

大棚草莓病虫害要以农业防治为主，药剂防治为辅，即通过采用脱毒壮苗、高垄栽植、地膜覆盖等措施预防病果、烂果的发生。田间发现病株烂叶和果实要及时清除，集中销毁，严防扩展蔓延。开花坐果期及果实发育期不用药剂防治。

草莓的病害主要有灰霉病、白粉病等，应严格控制空气湿度。灰霉病可采用 15% 速克灵烟剂熏蒸，白粉病用百菌清烟剂、20% 三唑酮可湿性粉剂等防治。

草莓的虫害主要为蚜虫、红蜘蛛等。蚜虫采用黄板诱杀，红蜘蛛可用噻螨酮、灭扫利等防治。

参考文献

[1] 郁松林. 果树工（初级）. 北京：中国劳动社会保障出版社，2008
[2] 郁松林. 果树工（中级）. 北京：中国劳动社会保障出版社，2007
[3] 郁松林. 果树工（高级）. 北京：中国劳动社会保障出版社，2008
[4] 马俊. 果树生产技术（北方本，第二版）. 北京：中国农业出版社，2009
[5] 马俊. 果树生产技术（北方本）. 北京：中国农业出版社，2006
[6] 李道德. 果树栽培. 北京：中国农业出版社，2001
[7] 宋志伟. 果树测土配方施肥技术. 北京：中国农业科学技术出版社，2011
[8] 林尤奋. 果树生产技术与实训. 北京：中国劳动社会保障出版社，2005